edition unseld 5

W0230717

Die Erhaltung der Biodiversität der Erde ist eines der Hauptziele des UN-Zukunftsprozesses. Das soll erreicht werden durch das Bewahren einer statischen Weltsicht. Auch der moderne Naturschutz setzt auf das »Gleichgewicht im Naturhaushalt« und damit auf eine statische Konzeption der Ökologie. Josef H. Reichholf, der als »enfant terrible« des Umweltschutzes gilt, stellt diesen Ansatz radikal in Frage. Er argumentiert: In einer sich wandelnden Welt können Zukunftsziele nicht auf Zustände von gestern oder vorgestern bezogen werden. Ungleichgewichte sind die Triebkräfte der natürlichen Evolution und der wirtschaftlichen und sozialen Entwicklungen. Gleichgewichte dagegen führen zu Erstarrung, in ihrer endgültigen Form sind sie der Tod allen Lebens. Unsere Zeit braucht dringend eine Abkehr von der konservativen Philosophie der Ökologie. Das Streben nach dem Gleichgewicht stellt zwar eine innere Notwendigkeit für die Körperlichkeit des Menschen dar, aber eine darauf begründete Weltsicht mutiert zum Ökologismus und wird eine Pseudo-Religion mit fundamentalistischen Zügen. Deshalb gilt es, hinreichend stabile Ungleichgewichte zu finden und zu entwickeln – natürliche wie menschliche Vielfalt weisen uns Wege dazu. Mit seiner Publikation *Eine kurze Naturgeschichte des letzten Jahrtausends*, die als bestes Sachbuch des Frühjahrs 2007 ausgezeichnet wurde, löste Reichholf eine heftige Kontroverse über die Folgen des Klimawandels aus.

Josef H. Reichholf, geboren 1945, Leiter der Wirbeltierabteilung der Zoologischen Staatssammlung München. Professor für Naturschutz und Gewässerökologie an der Technischen Universität München, lehrte auch an der Ludwig-Maximilians-Universität München, Mitglied der Kommission für Ökologie der Bayerischen Akademie der Wissenschaften, war im Präsidium des WWF Deutschland. 2007 wurde Reichholf ausgezeichnet mit dem Sigmund-Freud-Preis der Deutschen Akademie für Sprache und Dichtung. Veröffentlichungen u. a.: *Eine kurze Naturgeschichte des letzten Jahrtausends, Das Rätsel der Menschwerdung, Die Zukunft der Arten.*

Stabile Ungleichgewichte
Die Ökologie der Zukunft

Josef H. Reichholf

Suhrkamp

Die *edition unseld* wird unterstützt durch eine Partnerschaft
mit dem Nachrichtenportal *Spiegel Online*. www.spiegel.de

edition unseld 5
Erste Auflage 2008
© Suhrkamp Verlag Frankfurt am Main 2008
Originalausgabe
Alle Rechte vorbehalten, insbesondere das der Übersetzung,
des öffentlichen Vortrags sowie der Übertragung
durch Rundfunk und Fernsehen, auch einzelner Teile.
Kein Teil des Werkes darf in irgendeiner Form
(durch Photographie, Mikrofilm oder andere Verfahren)
ohne schriftliche Genehmigung des Verlages reproduziert
oder unter Verwendung elektronischer Systeme
verarbeitet, vervielfältigt oder verbreitet werden.
Satz: Libro, Kriftel
Druck: CPI – Ebner & Spiegel, Ulm
Umschlaggestaltung: Nina Vöge und Alexander Stublić
Printed in Germany
ISBN: 978-3-518-26005-0

1 2 3 4 5 6 – 13 12 11 10 09 08

Stabile Ungleichgewichte

Inhalt

Gestern war sie noch die beste aller Welten, heute ist sie in Gefahr, und morgen droht ihr Untergang. Alles verändert sich zu schnell. Die Globalisierung hat die Welt heute unübersichtlicher gemacht, als sie noch in den Zeiten festgefügter Machtblöcke war, zur Zeit des Gleichgewichts des Schreckens. Damals, vor ein paar Jahrzehnten nur, herrschte noch die verläßliche Ordnung von Gut und Böse, Richtig und Falsch, West und Ost. Die Feinde bedrohten einander öffentlich mit Vernichtungswaffen, ohne wirklich anzugreifen. Jetzt schlagen ganz andere aus dem Hinterhalt zu. Sie zwingen die ehemaligen Gegner zur Kooperation, ob diese wollen oder nicht. Die äußeren Grenzen sind weithin gefallen, durchlässig oder zur Formsache geworden. Innere Grenzen bauen sich indessen auf. Sie verunsichern mehr als die früheren ›Eisernen Vorhänge‹ und endlosen Kontrollen an den Außengrenzen der politischen Blöcke. Das ›Gleichgewicht des Schreckens‹ wich ohne Krieg und Sieg dem Übergewicht eines Gewinners, und die Welt mußte sich neu formieren.

Ein Jahrhundert früher war ähnliches geschehen. Das Gleichgewicht der Mächte, das noch ganz selbstverständlich und selbstherrlich einzustellen die Europäer für sich in Anspruch nahmen, geriet aus der Balance, nachdem sich in Amerika ein neues, sich rasch verstärkendes Machtzentrum aufgebaut hatte und Neuerungen in Ostasien Japan einen vom alten Europa unerwarteten Aufstieg zu einer weiteren, erstmals asiatischen Weltmacht verhalfen. Es wurde immer schwieriger, das kontinentaleuropäische Gleichgewicht zu halten. Bevor es auf andere Weise kippte, sollte in althergebrachter Weise die Klärung mit dem Mittel des Krieges herbeigeführt werden. Das kompliziert zusammengebastelte, eher als geflickschustert zu bezeichnende Kräftegleichgewicht geriet dabei nicht nur aus der Balance, sondern es ging völlig zu Bruch. Was der Erste Weltkrieg nicht zerstörte, vernichtete vollends der Zweite. Eine weithin »neue« Welt ging daraus hervor – unsere Welt, in der wir noch immer leben und die wir unter allen Umständen erhalten wollen. Mit denselben Mitteln des Gleichgewichts. Nur deutlich anders begründet, wenngleich mit ähnlicher Wahl von Wörtern und Begriffen. Darin geht es um den »Krieg gegen die Natur«, den wir als »Vernichtungsfeldzug« führen und mit dem wir »ganze Ökosysteme zerstören«. Die Kampfmittel sind »Ausbeutung«, »Auslöschung«, »Ausrottung« und Giftstoffe. Es drohen die »Populationsbombe« mit ihrer »Bevölkerungsexplosion«, die »Erschöpfung der Ressourcen« und »Knappheit« allüberall. Mobilität muß demzufolge eingeschränkt, über Bezugsscheine kontingentiert werden. Die Kämpfer von heute kämpfen für die Umwelt, für die Zukunft, und sie jetten dabei um die Welt, um ja nicht nachzulassen in der Verbreitung ihrer Botschaft: Die ganze Welt ist in Gefahr. Nun, die Feinde, die Bedrohung, das sind wir selbst. Wir müssen uns zurückziehen, umkehren, beschränken und Buße tun für das früher Getane, das nun andere weiter tun können sollen, um auch so weit wie wir zu kommen. Vielleicht nicht ganz so weit, denn die anderen werden dann an unserem guten Beispiel gesehen haben, daß es nicht gut ist, so weit vorzupreschen, weil dann der Rückzug um so schwerer fällt. Ist also der Krieg doch irgendwie der Vater, wenn nicht gerade aller Dinge, so doch aller wirklichen Veränderungen? Was geht in unserer Zeit in vielen Mitmenschen vor, wenn sie mit der Sprache des Krieges doch nur Gutes tun und die Welt retten wollen? Brauchen wir die schreckliche

Vorstellung des Untergangs, um zum Sieg zu kommen? Zu welchem Sieg? Zu welchem Ziel? Sind die gegenwärtig wirklich vorhandenen und die vergangenen, noch reichlich gegenwartsnahen Kriege nicht abschreckend genug? Fällt es bei Kriegen schon schwer, den oder die Schuldigen zu benennen, so kann es beim gegenwärtigen Globalkrieg gegen uns selbst wirklich nicht mehr gelingen, die Schuldfrage zu klären. Denn schuldig geworden ist schon, wer lebt; als Mensch natürlich, und nicht als Tier oder Pflanze, denn diese verbleiben in paradiesischer Unschuld, während wir die neue Erbsünde des Da-Seins aufgebürdet bekommen haben. Sie trägt auch einen Namen: ökologischer Rucksack. Weil wir uns diesen – und noch mehr den unserer Kinder und der nachfolgenden Generationen – so schwer beladen haben, hinterlassen wir bei all unserem Tun zwangsläufig auch »ökologische Fußabdrücke«. Diese wiegen schwerer als bei Elefanten oder Dinosauriern. Allenfalls die noch in paradiesisch nackter Unberührtheit in den hintersten Winkeln Amazoniens unentdeckt lebenden Indios tragen als »Kinder des Waldes« keine solchen ökologischen Rucksäcke. Sie gelten in dieser Hinsicht als »naturrein«, sogar wenn sie mit ihrem Tun vom Aussterben bedrohte Vögel oder Säugetiere ausrotten sollten. Denn das taten aller Wahrscheinlichkeit nach unsere Vorfahren in grauer Zeit auch. Bis in die letzten Jahrhunderte reichten die von ihnen verursachten Ausrottungen. Je näher diese zu unserer Zeit liegen, desto bedenklicher sind sie. Damals, in früheren Zeiten, starben ja auch ganze Kulturen aus, weil sie der Natur zuviel zugemutet hatten. Das rächte sich mit »Kollaps«. Doch die früheren Zusammenbrüche blieben lokal; der uns allen drohende Zusammenbruch wird global sein. Unwiderruflich. Weil wir nicht nur *eine* Welt haben, sondern *eine* Menschheit sind.

Genug solcher Vergleiche! Sie hinken wie die allermeisten Vergleiche. Wer allein aufgrund der Wortwahl den gerechten, bitter nötigen Kampf gegen die Umweltzerstörung auch nur mit leichter Ironie zu einem »Heiligen Krieg« stilisiert, entblößt sich selbst als unmoralisch oder, schlimmer noch, höchst egoistischer Interessenvertreter. Denn der Zweck rechtfertigt die Mittel und damit auch die Benutzung der Worte. Zu heiligen braucht er sie gar nicht, so offensichtlich gutgemeint ist doch alles. Schließlich ist der Wortschatz einer jeden Sprache begrenzt. Wer verstanden werden möchte, muß sich verständlich ausdrücken. Am besten geht dies mit allgemein bekannten Wörtern. Wer sie jedoch beim Wort nimmt, verändert den Sinn der Aussage, auf den es ankommt. Sie sind zudem fast immer mehr- oder vieldeutig, die Begriffe, die wir verwenden. Wer im wörtlichen Sinne schießt, jagt Pulver(rückstände) und Blei (ein schweres, nicht abbaubares und daher ökologisch höchst bedenkliches Gift) in die Luft und in die Umwelt. Wer mit seinem Auto mit hoher Geschwindigkeit über die Autobahn »schießt«, vergiftet und belastet noch mehr, auch wenn niemand und nichts dabei abgeschossen wird. Die Wortwahl spielt also gar keine Rolle. Die Folgen sind es, auf die es ankommt. Sie gefährden zwar nicht im einzelnen »die Umwelt«, aber in ihrer täglich und jährlich wiederholten Menge, die sich auftürmt wie ein Berg, an dem schließlich die Umwelt scheitern wird; an überhitzter Luft, vergiftetem Wasser und Boden, verbrauchten Landschaften und an Menschen, für die es keine lebenswerte Zukunft mehr geben kann, weil wir die Erde zu sehr ausgebeutet haben.

Also folgen wir, um politisch korrekt zu sein im Schwimmen mit dem Strom, dieser üblich gewordenen Argumentation, beachten die Worte nicht weiter, sondern bemühen uns, die Inhalte der Botschaften aufzunehmen, wie das die Gläubigen aller Religionen seit jeher tun. Die Gleichsetzung mit religiöser Botschaft macht nun aber auf andere Weise unruhig. Hier darf der Vergleich noch weniger eng gezogen werden, geht es doch nicht um die jenseitige Welt, sondern um die sehr diesseitige, in der wir leben. Hier soll uns der Ablaßhandel mit »Verschmutzungsrechten« möglichst noch zu Lebzeiten eine bessere Welt bescheren. Ohne Apokalypse! Einfach mit Vernunft und Geld, das wir für dieses Ziel auszugeben bereit sein müssen. Zum Nulltarif wird sie nicht zu haben sein, die Zukunft, die so und nicht (wesentlich) anders ist als die Gegenwart. Sie soll auch gar nicht anders werden! Darin steckt doch die besonders überzeugende Zielsetzung. Die Welt soll bleiben, wie sie ist. So kennen wir sie. So ist's gut; nein: Es war gut so bis vor kurzem, als wir angefangen haben, unseren Rucksack vom heiteren Leichtgewicht zu schwerer Last aufzupacken. Was wir tun müssen, liegt somit klar und offen. Entlasten! Dann wird das schon bedenklich schwankende Gleichgewicht wieder das werden, was es vordem war: Ein verläßliches Gleichgewicht, in dem alles beim alten bleibt. Auch das, was sich eigentlich ändern sollte! Aber die Änderung geht eben nicht ohne Gleichgewichtsstörung. Wir nennen das »Eingriff«.

Auch dieser Begriff ist uns zwar vertraut, aber, weil so negativ besetzt, auch unerwünscht. Jeder Eingriff in unseren Körper bedeutet eine mehr oder minder große Gefährdung. Jeder unmittelbare Eingriff des Staates in unser Leben eine Beeinträchtigung unserer Freiheiten. Jeder Eingriff in die Natur eine seiner Größe entsprechende Störung. Eingriffe müssen daher ausgeglichen werden. Der Körper soll das am besten selbst richten, der Staat soll es unterlassen einzugreifen, und wer in die Natur eingreift, muß seinen Eingriff ausgleichen. Wie sonst könnte alles beim alten bleiben? Die Widerstände gegen Eingriffe aller Art nehmen in dem Maße zu, in dem diese öffentlich thematisiert werden. Wer könnte sich auch über die Tatsache entrüsten, daß ein Eingriff in die Wohnung eines Feldhamsters oder in den Krabbelbereich einer Wanze beabsichtigt ist, wenn man nichts davon erfährt? Unendlich viele frühere Eingriffe sind deswegen unausgeglichen geblieben. Mit welchen Folgen?

So wirft schon ein naives Umkreisen des Themas Fragen von so grundsätzlicher Bedeutung auf, daß wir von deren Unbeantwortbarkeit genauso grundsätzlich überzeugt sein dürfen. Worum es beim »Gleichgewicht« geht, deuten diese Probleme jedoch, vom rein Militärischen abgesehen, nicht im mindesten an. Das ›Gleichgewicht des Schreckens‹ diente in der Zeit des ›Kalten Krieges‹ dazu, den Ausbruch eines ›heißen Krieges‹ zu verhindern. Mit Erfolg! Ob sich die Vorgehensweisen, der sich die beiden Machtblöcke bedienten, zum Vorbild für andere Gleichgewichtsprobleme eignen, darf wohl zu Recht bezweifelt werden. Die Kosten dieses Gleichgewichts waren enorm. Sie werden sich nicht wirklich beziffern lassen, weil all die Umweltschäden, die mit dem Aufbau der Macht verbunden waren, weil all die Toten und Verhungerten, welche den Minuskonten dieser Zeit zuzuschreiben wären, nicht mehr gezählt und gewertet werden können. Es darf auch auf das heftigste bezweifelt werden, daß die Atombomben von Hiroshima und Nagasaki notwendig gewesen waren, um eine neue Stabilität aufbauen zu können. Über die gegenwärtigen »Gleichgewichtsstörungen« und die Versuche, das Gleichgewicht zu erhalten, wird die Zukunft wertend richten und womöglich eine ganz andere Meinung dazu haben als wir. Weil sich Mittel und Zweck höchst selten einmal klar genug trennen und (moralisch) gewichten lassen.

Wenn wir nun aber nicht einmal in diesem scheinbar so klaren Fall militärischer Gleichgewichte, ihres Kippens und ihrer verlustreichen Wiederherstellung wirklich sagen können, was gut und richtig und unbedingt notwendig war, um wieviel schwerer wird es uns dann fallen, andere Gleichgewichte einzustufen und einzustellen. Solche zwischen reich und arm, zwischen Alt und Jung und »draußen in der Natur«. Beginnen wir mit dem weniger Verfänglichen, mit der Natur und ihren Gleichgewichten. Was sollen sie? Wie kommen sie zustande? Wer gibt sie vor? Wie werden sie aus ihrem Gleichgewicht gebracht, und wie sollen sie wieder hineingebracht werden? Und warum?

1 Die Natur

Justitia, das Mobile und das Atom

Justitia, die Göttin der Gerechtigkeit, urteilte blind. Eine Binde vor den Augen nahm ihr die Sicht und damit das Vor-Urteil, das Eindrücke unweigerlich vermitteln. Ein ausgewogenes Urteil bedeutete daher nicht Gleiches für beide Seiten, sondern die rechte Gewichtung. Die Waage zeigte auch dann Ausgewogenheit an, wenn eine Seite ein klares Übergewicht hatte. Gleichgewichtigkeit konnte es nur in seltenen Ausnahmefällen geben. Die Entscheidung, beiden Seiten gleichermaßen recht zu geben, wäre ansonsten besonders schwierig geworden. Auch im modernen Rechtssystem geht es zumeist um einen angemessenen Vergleich, kaum jemals aber um ein genau gleiches Ergebnis für beide Seiten.

Ökologische Modellvorstellungen haben sich dieses Gleichnisses bemächtigt und der Waage einen zweiten, einen dritten und weitere Balken hinzugefügt, bis etwas zustande kam, das wir als Mobile kennen. Alle Einzelteile sind über ›abwägende‹ Balken miteinander verbunden, so daß sich mit jedem Anstoß von außen ein schwingendes Gebilde ergibt. Man braucht den Stücken nun nur noch konkrete Namen zu geben, wie Pflanzen, Mäuse, Vögel, Würmer, Schmetterlinge und dergleichen, dann kommt ein scheinbar geradezu ideales Abbild der Natur zustande. Alles steht miteinander in Verbindung, schwingt zusammen, je nach Gewicht(ung) stärker oder schwächer, und pendelt sich wieder ein auf den Ruhezustand, wenn die Störung von außen vorüber ist. Das 1978 erschienene Werk von Hermann Remmert *Ökologie – Ein Lehrbuch* leitet mit einer solchen Mobile-Zeichnung das dritte Hauptkapitel »Ökosysteme« ein. Auf dem obersten Balken ist ein Vögelchen gerade dabei zu landen. Das ganze System wird daraufhin ins Schwingen kommen. Nur ein wenig, weil es eben nur ein kleiner Vogel ist, der die »Störung« verursacht. Leicht ist vorstellbar, was geschehen würde, wenn die grobschlächtige Hand eines Menschen hineingriffe oder wenn gar ein ganzes Teilstück vom Mobile weggeschnitten würde. In Schieflage müßte es geraten. Es käme auch nicht mehr zur ursprünglich ausgewogenen Position zurück, wenn das Fehlstück für die Balance bedeutend war.

Das Mobile lädt ein, gedanklich weiterzugehen. Was wäre, wenn man irgendwo ein neues Stück hinzufügen möchte? Allein schon eine passende Position zu finden ist schwer. Sicherlich läßt sich nicht überall etwas anhängen. Am ehesten könnte es gehen, wo schon viel hängt und wenn das neue Stück klein, also »unbedeutend« ist. Würden zentrale Achsen belastet, müßten sich größere Änderungen ergeben, als wenn draußen am Rand etwas hinzugefügt würde. Oder vielleicht auch nicht, weil die Hauptachsen »tragfähiger« sind und weil das, was weit draußen hängt, auch schwerer wiegt. So besagen es die Hebelgesetze der Mechanik zumindest. Wir könnten es zwar einfach ausprobieren. Aber solch einen Versuch dürfen wir eigentlich nur wagen, solange wir sicher genug sind, ihn auch wieder abbrechen zu können, wenn die Veränderung zu stark zu werden droht. Besser wäre es, vor der Veränderung zu berechnen, welche Auswirkungen sie auf die zahlreichen Gleichgewichte in diesem Mobile haben wird. Bei einem Balken mit nur zwei Gewichten geht das einfach. Last und Lastarm ergeben das Gewicht. Verlängert man den Arm, nimmt das Gewicht zu, verkürzt man ihn, kann er mehr tragen, ohne mit der anderen Seite aus dem Gleichgewicht zu kommen. Mit einem zweiten

Balken ist die Berechnung noch leicht möglich, doch mit jedem zusätzlichen wird sie schwieriger. Rasch geraten auch leistungsstarke Rechner an ihre Grenzen, wenn die Zahl der Schwingungsmöglichkeiten (mathematisch der Zahl der Unbekannten entsprechend) zunimmt. Die denkbaren Reaktionen und Kombinationen steigen weitaus stärker an als die Zahl der (Mobile) Elemente. Das Bild in Remmerts Buch fällt mit 14 Tierchen sehr einfach und überschaubar aus. Berechenbar ist es für die Vielfalt der existierenden Tierarten, die in Wechselwirkung zueinander stehen, nicht mehr. Hinzu kommt, daß die Beteiligten in einem »Mobile der Natur« gleichsam selbst keine Ruhe geben. Jede beteiligte Art verändert ihre Häufigkeit und damit ihr »Gewicht« in diesem Kräftespiel. Wiederum lassen sich nur ganz einfache, einer Waage vergleichbare Systeme nachrechnen, etwa wenn unter konstanten Außenbedingungen Füchse Mäuse jagen und diese in ihrer Häufigkeit stark schwanken. Eine »Räuber-Beute-Beziehung« nennt dies die wissenschaftliche Ökologie – und weiß, daß auf die so einfach erscheinende Frage, wie stark die Füchse die Mäusepopulation beeinflussen oder umgekehrt die Mäuse als Beute die Häufigkeit der Füchse, keine allgemeingültige Antwort zu geben ist, weil die Berechnungen zu sehr von den sogenannten Rahmenbedingungen der wirklichen Natur abhängen, auf die später noch näher einzugehen ist.

Stabilisiert sich also die Natur nach dem Bild eines komplexen Mobiles von selbst über die Vielzahl von Wechselwirkungen, die jedoch zu komplex sind, als daß wir sie durchschauen könnten? So scheint es zumindest. Und das Modellbild des Mobiles scheint dazu auch zu passen. Bestens! Wenn es da nicht einige Probleme gäbe, die auch der Ökologie nach wie vor noch Schwierigkeiten bereiten. So sollte, dem Eindruck gemäß, den das Mobile vermittelt, ein großes, komplexes Gebilde weniger störungsanfällig sein als ein einfaches mit wenigen Beteiligten. Es sollte neue Teile aufnehmen und vorhandene abgeben können, ohne daß das Gesamtsystem allzusehr in Schwingung gerät. Berechnungen eines der führenden Ökologen mit den entsprechenden Kenntnissen in Mathematik und in der Konstruktion von Computermodellen, Robert M. May, haben jedoch schon vor über einem Vierteljahrhundert das Gegenteil ergeben. Mit zunehmender Komplexität wird das System nicht stabiler, sondern anfälliger. Die größte Stabilität kommt irgendwo in mittleren Bereichen zustande. Das »Mobile der Natur« sollte demnach nicht zu einfach, aber auch nicht zu vielfältig sein, um Störungen von außen widerstehen zu können. Das hört sich nachvollziehbar an, wenngleich es dem ersten Eindruck widerspricht: Ein großes Mobile mit vielen Teilen ist doch »stabiler« als eines mit weniger Schwingungsmöglichkeiten. Ist es denn in der Natur draußen nicht auch so? Große Reinbestände einzelner Baumarten, die sogenannten Monokulturen, sind anfällig für Schädlinge, wie Borkenkäfer oder nadelverzehrende Raupen, zumal wenn sie wie vielfach unsere Fichtenwälder auch noch gleichen Alters und gleicher Herkunft sind. Sie fallen eher Stürmen zum Opfer als Mischbestände unterschiedlichsten Alters. Und von den besonders artenreichen Tropenwäldern erfahren wir, daß sie uralt sind und deshalb ihren Artenreichtum haben aufbauen können. Paßt da also nur die Theorie nicht zur Wirklichkeit? Gehen die Modellrechnungen von nicht zutreffenden Annahmen aus? Ein Blick zurück auf das Bild des Mobiles löst die Unstimmigkeit. Es hängt – als Modell gedacht – »in der Luft»; es hat keinen Halt! Nirgendwo ist es verankert. Die tragende Decke oder die haltende Hand fehlen dem Mobile. Damit aber werden die soeben gestellten Fragen obsolet: Wer oder was sollte in der Wirklichkeit der Natur die Systeme halten, die unser Mobile abbildet? Um welche Instanz geht es dabei? Sie ist nicht benannt; weder im Mobile noch in den Lehrbüchern der Ökologie. Mit dem Zusatz »Natur« oder »natürliche« Systeme wird das Problem umgangen, nicht aber gelöst. Was wir bräuchten, wäre eine Kraft, die alles zusammenhält, aber, der Schwerkraft der physikalischen Natur entsprechend, immer noch genügend Freiraum läßt für Bewegungen, für Interaktionen und Veränderungen. Die Ökologie kennt jedoch keine solche Schwerkraft. Das Mobile-Modell ist also haltlos geblieben.

Ein anderes Modell drängt sich auf, auch wenn es in der Ökologie so gut wie überhaupt nicht berücksichtigt wird. Es ist dies das nun schon als »alt« zu bezeichnende, in vielerlei Hinsicht aber bewährte und in der Chemie üblicherweise benutzte Atommodell von einem Kern und »Bahnen« oder »Schalen« von Elektronen, die ihn umkreisen. Sie bilden die Grundlage für die chemischen Bindungen. Diese sind um so stärker, je enger die Bindungen an den Kern heranreichen und je einfacher dieser gebaut ist. Große Atome mit »freien« Elektronen taugen nicht so gut für starke Bindungen wie kleinere. Die »besten« Verbindungen finden wir im unteren Mittelbereich. Die Elemente Stickstoff, Phosphor, Kohlenstoff, Sauerstoff, Kalium, Natrium und einige wenige andere in (sehr) geringer Menge bilden die Grundstoffe des Lebens. Verläßliche Bindungen schafft der Wasserstoff, das einfachste und kleinste Element. Große Elemente, die ihrer atomaren Größe entsprechend auch »schwer« sind und die wir Schwermetalle nennen, schaden meistens viel mehr, als sie Nutzen bringen. Sie wirken giftig, weil sie wichtige Lebensprozesse stören.

Atomare Strukturbildung mit dauerhaften und veränderungsfähigen Verbindungen würden eher den ökologischen Modellberechnungen entsprechen als das Bild des Mobiles. Doch auch dieses Modell funktioniert nicht, denn dazu fehlen die Kräfte, die in der lebendigen Natur die Lebewesen in vergleichbarer Weise verbinden und zusammenhalten. Das Leben in der Natur unterliegt weder den Zwängen zentraler Bindung, noch gibt es die zentrale Kraft oder eine zentrale Instanz.

Und die Natur funktioniert doch, läßt sich entgegenhalten. Es gibt sie, all die verschiedenen Pflanzen, Tiere, Pilze und Mikroben in ihrem Zusammenleben. Sie stehen miteinander in Beziehungen, die sich erfassen, messen und bewerten lassen. Sie kommen nicht überall gleich verteilt vor, sondern in höchst unterschiedlichen Zusammensetzungen. Gerade das macht auch den Reiz der Vielfalt aus, die keineswegs nur von der Geographie, von Bergen und Ebenen, von Flüssen und Seen, von Wäldern und Wüsten sowie von Wetter und Klima bestimmt ist. Es leben unterschiedliche Pflanzen und Tiere in diesen »Lebensräumen«. Die Vielfalt hat sich entwickelt. Wir wissen, daß dies viele Millionen von Jahren gedauert hat, und nennen den Vorgang Evolution. Wir wissen auch, daß Evolution nur möglich wurde, weil es immer wieder starke Veränderungen gegeben hat. Die Natur hat daher Geschichte, »Naturgeschichte«. Sie konnte keine »Soll-Werte« haben, die vorgeschrieben hätten, wie sie zu sein hat und wie man leben muß. Sie kam aber auch nicht aus einem fortwährenden Chaos plötzlich wohlgeordnet in unsere Zeit, um uns hier und jetzt zu zeigen, wie es richtig ist.

Damit ergibt sich ein zweites Grundproblem: Wie beständig ist eigentlich die Beständigkeit, die uns das Bild des Mobiles aufgedrängt hat? Welche Bedeutung hat der Wandel, hat die Veränderung? Aus der Naturphilosophie der alten Griechen ist uns die Erkenntnis überliefert, daß »alles fließt«. Charles Darwin hat 1859 mit der Veröffentlichung seines Hauptwerks über den Ursprung der Arten diesem Fließen konkreten Inhalt und eine naturwissenschaftliche Begründung gegeben. Evolution ist Veränderung. Einer statischen Sicht der Natur, die zwar nach Art des Mobiles Schwingungen zuläßt, diese aber bereits als Störungen einstuft, steht seither eine dynamische Betrachtung entgegen, die jede Gegenwart als Durchgangsstadium im beständigen Fluß der Zeit wertet. Die dynamische Betrachtungsweise hat es schwer, sich durchzusetzen, obgleich die erdrückende Last der Befunde und Beweise die Waagschale längst zu ihren Gunsten gesenkt hat. Die Vorstellung eines in sich festgefügten, wohlgeordneten »Hauses der Natur« steht im Weg; eines Hauses, in dem jedes Lebewesen seinen festen Platz hat und seine besondere Rolle erfüllt. Ein Haus, das in Ordnung gehalten werden muß, damit es nicht gefährdet wird oder gar zusammenbricht. Ein Haus, in dem eine Instanz lebt, die für alles verantwortlich ist. Kurz, ein Haus wie unseres und eine Instanz wie wir selbst.

Das Haus der Natur

Erbaut hat es der deutsche Biologe Ernst Haeckel, als er die Ökologie als Wissenschaft einführte und sie zur Lehre vom »Naturhaushalt« machte. Definiert hat Haeckel die neue, auf die Umwelt bezogene Betrachtung gleich zweimal. 1866 zuerst als »die gesamte Wissenschaft von den Beziehungen des Organismus zur umgebenden Außenwelt« und dann nochmals 1870 als »die Lehre von der Oeconomie, von dem Haushalt der thierischen Organismen«. Mit dem Bezug auf den ›oikos‹, das

Haus, verband Haeckel die Begründung, daß es sich eigentlich um die Ökonomie der Natur handle. Ein wichtiger Unterschied ist nicht sogleich ersichtlich. In der zweiten Begriffsbestimmung legte Haeckel das Hauptgewicht auf den tierischen Organismus und seine Außen- oder Umwelt. Das Tier ist Nutzer. Es beeinflußt zwar die Umwelt, aber das ergibt sich so. Die Umwelt ist dabei kein Partner, sondern einfach Lebensgrundlage, Ressource. Rehe verzehren die Pflanzen, von denen sie leben. Wald und Wiese interessieren sie lediglich als Nahrungsquelle, nicht aber im Hinblick auf den Fortbestand. Nahrung wird gesucht und dem Vorhandenen gemäß genutzt; ausgenutzt wäre die treffendere Bezeichnung, weil es sich nicht um eine pflegliche Nutzung handelt. Ist das Vorhandene erschöpft, zieht das Tier weiter und sucht sich Neues. In Haeckels ursprünglicher Sicht gehören die Pflanzen zu den gegebenen Ressourcen der Umwelt. Sie stehen bei ihm (noch) nicht in Wechselwirkung mit ihren Nutzern. Mit der Ausweitung seines Ökologiebegriffs auf die ganze Natur und mit der Zugrundelegung der ökonomischen Sichtweise erst entstand die Vorstellung von jenem »Haus der Natur«, in dem es sich vornehmlich nur deswegen (gut) leben läßt, weil alles eine Ordnung hat. Eine solche Ordnung beschrieb der deutsche Zoologe Karl August Möbius 1877 mit seinen Untersuchungen über die Lebensgemeinschaft einer Austernbank in der Nordsee. Die Beteiligten nannte er eine Biozönose, weil sie »zusammen speisen«, also die Ressourcen aufteilen und in erkennbar geordneter Weise nutzen. Folgerichtig kam es danach zur Entwicklung eines weiteren Grundkonzepts der Ökologie, mit dem die Vorstellung vom Haus der Natur gefestigt wurde. Das ist die »ökologische Nische«. Sie stellt die Zimmer- und Aufgabenzuteilung im Naturhaushalt dar. Die Betreffenden sind die Teile des

Mobiles. Sie gehören in ihre Bereiche, Ecken oder Nischen; sie haben ihre Aufgaben, Funktionen zu erfüllen, und sie spiegeln die Lebensbedingungen wider, die an ihren Orten herrschen. »Biotope«, Stätten des Lebens, werden sie genannt. Im weitläufigen Haus der Natur geben sie die Adressen an, unter denen sie zu finden sind, während ihre ökologischen Nischen den Funktionen entsprechen, die sie zu erfüllen haben. Daß das alles so läuft, wie es funktionieren soll, dafür sorgen ein mehr oder minder steter Zustrom von Energie und Kreisläufe von Stoffen, insbesondere von Wasser, Gasen und Mineralien. Wie in einem richtigen Haushalt eben, der Ressourcen und Energie braucht, um funktionieren zu können. Wird zuviel verbraucht, aber nicht wieder richtig aufgearbeitet, sammelt sich Abfall an. Knappe Energie schränkt die Möglichkeiten des Wirkens ein, zusätzliche weitet das Spektrum der Aktivitäten aus. Die Übereinstimmungen sind so augenfällig, daß die Vorstellung vom Haus der Natur geradezu Suggestivkraft entfaltete. Sie fiel in eine günstige Zeit dafür, als am Ausgang des 19. Jahrhunderts die Welt aufgeteilt, die Kräfteverhältnisse ausbalanciert und die viktorianisch-preußische Gesellschaft konservativ auf dem Althergebrachten verharrte. Jede Abweichung vom richtigen Zustand konnte nur eine Störung bedeuten. Jede Änderung trug die Gefahr weitreichender Folgen in sich. Haeckel traf mit seiner neuen Ökologie den Zeitgeist. Darwins Veränderung, die Evolution, nahm man hin als etwas, das zwar überzeugend begründet, für die Gegenwart jedoch ziemlich bedeutungslos war. Denn seine Evolution verlief so langsam, daß niemand sie bemerken konnte und nichts dadurch gestört wurde. Wenn sich alles Neue, das da kommen sollte, so anständig langsam näherte und in kleinsten Schritten weiterentwickelte, war es nicht bedrohlich; weder für die Gesellschaft noch für den Naturhaushalt. Und da sich ohnehin das Bessere durchsetzen würde, das sich allein schon dadurch hervorgetan hat, daß es bereits an der Spitze des Guten steht, stellte auch dieses Grundprinzip der Veränderlichkeit keine Gefahr dar. Wer seinen Platz in Natur und Gesellschaft nicht fand oder sich seiner Rolle nicht gewachsen und würdig erwies, der fiel eben der natürlichen Selektion zum Opfer. Das Bewährte wurde dadurch nicht angetastet, ja nicht einmal in Frage gestellt. Anders als bei der Ableitung von Herkunft und Abstammung durch Darwin stand die Betrachtung des Naturhaushalts auch nicht im Gegensatz zur Religion. Ganz im Gegenteil! Was spätestens seit dem Mittelalter als gesichertes Wissen um die Großartigkeit der Schöpfung, die in den Wundern des Lebens manifestiert war, Gültigkeit hatte, wurde nun auf die ganze Natur ausgeweitet. Die Ordnung der Natur fügte sich widerspruchsfrei in die höheren Ordnungen ein. Daß sich damit ein weiteres Mal eine Vertreibung aus dem Paradies über die Trennung von Mensch und Natur anbahnte, blieb verborgen. Wie immer läßt sich den Anfängen nicht entnehmen, wohin der Weg führt und was das Ziel sein wird.

Dieses Denken, das am Anfang der Ökologie stand, wirkte weiter bis in die Zeit unmittelbar nach dem Zweiten Weltkrieg. Die Forschungen enthüllten immer wieder neue Bilder von der Natur in unüberschaubarer Menge. Bilder, die zu Schaubildern gestaltet wurden, weil naturalistische Abbildungen von Pflanzen und Tieren mit Pfeilen verbunden wurden, die ein komplexes Netzwerk von Beziehungen ausdrücken sollten. Alles war und ist eben mit allem verknüpft – so die suggestive Botschaft der Bilder. Es fiel kaum auf, daß ein eigentlich ganz zentraler Bereich der Ökologie, nämlich die Forschung an und in Gewässern, frühzeitig einen eigenen Weg nahm und sich mit der speziellen Bezeichnung »Limnologie« etablierte. Wenn auch viele Gründe im einzelnen dabei eine Rolle gespielt haben mögen, so ist einer doch hervorzuheben, weil er dem altgriechischen »Alles fließt« entspricht. Gewässer, Flüsse, Bäche und das Grundwasser, sind »im Fluß« und auch die erdgeschichtlich jungen, weil zumeist erst nacheiszeitlich entstandenen Seen »altern« rasch und verlanden. Sie sind nicht beständig. Veränderung, oft unvorhergesehenen Ausmaßes, kennzeichnet die Gewässer im Vergleich zum Land; zu Wäldern zumal, die interessanter erschienen als die Jahr für Jahr veränderten Fluren unter landwirtschaftlicher Nutzung. Die meisten der größeren und großen Flüsse Europas wurden zudem in dieser Zeit gerade sehr stark verändert. Man begradigte und kanalisierte sie, leitete Wasser ab oder fing damit an, Stauseen zu errichten. Die große Tullasche Rheinkorrektur lief bereits; die Konturen der neuen Flüsse waren sichtbar, aber ihre Veränderungen im Wasser unkalkulierbar geworden. Fischerträge gingen zurück; die Krebspest, eingeschleppt aus Amerika, suchte die Flüsse heim. Die Verschmutzung und die Nachwirkungen der Belastung mit Abwässern nahmen zu in dem Maße, in dem den Flüssen ihre Auen genommen und ihr Lauf eingeengt wurde. Der Wald hingegen war dabei, über die gepflanzten, intensiv betreuten und gehegten Forste zu einer neuen Beständigkeit heranzuwachsen, die durch Waldweide und katastrophale Übernutzung der Wälder in den Jahrhunderten zuvor verlorengegangen war. Fluren und Siedlungen, Städte und Verkehrssysteme waren ohnehin dem direkten Wirtschaften der Menschen, der Ökonomie also, zugeordnet. Daher spiegeln die frühen Forschungen am Naturhaushalt die Gegebenheiten wider. Im Vordergrund standen Wälder und flächenmäßig unbedeutende Sondergebiete, wie Heiden, Trockenrasen, Hochmoore und alpine Biotope. Grundlegende Eigenschaften, die solche Lebensräume kennzeichnen, blieben unerkannt oder unbeachtet, weil sie keine Rolle spielten. Bei Wäldern war das Zeitmaß der Veränderung zu langsam, verglichen mit dem Menschenleben, und daher nicht auffällig genug. Sie hatten einfach zu wachsen und zu gedeihen, bis eine spätere Generation ernten konnte, was die Gegenwart unter pfleglicher Behandlung heranwachsen ließ. Bei den anderen Flächen, den »Biotopen« heutiger Ausdrucksweise, handelte es sich um Gebiete, in denen Mangel herrschte; Mangel an einem oder mehreren lebenswichtigen Faktoren. Dieser Mangel muß später ausführlicher behandelt werden, um seine Rolle besser verstehen und um für die Zukunft Schlüsse ziehen zu können. Hier gilt es festzuhalten, daß die Ökologie Haeckelscher Ausrichtung ein Jahrhundert lang im wesentlichen eine beschreibende Wissenschaft geblieben ist, die Vorhandenes erfaßte und bewertete. Zwangsläufig konnte sie nur beim Vorhandenen ansetzen, weil sich die Vergangenheit noch nicht gut genug erschließen ließ und die Zeiten zu kurz waren, in denen Änderungen im Naturhaushalt beobachtet werden konnten. Ihre Befunde nährten damit eine statische Sicht. Sie paßten zur Annahme, daß alles so seine Ordnung habe, wie es ist, und deshalb auch so sein und bleiben sollte.

Die Evolution

Darwins Idee war nicht neu. Vorstellungen, daß sich das Leben entwickelt und damit verändert habe, gab es schon lange vor ihm. Manche suchten, wie Johann Wolfgang Goethe, entsprechend griechischem Vorbild nach den Urbildern in den Organismen, nach der Urpflanze etwa, von der aus sich die gesamte

Flora nach und nach entwickelte. Andere dachten und argumentierten in Richtungen, wie sie am markantesten Jean Baptiste Lamarck in seiner 1809 erschienenen *Philosophie zoologique* vertreten hatte. Versteinerte Muscheln und andere Fossilien dienten als Beweismaterial. Bekannt wurde seine Vorstellung von der Vererbung erworbener Eigenschaften mit dem Beispiel der Giraffe, die als Säugetier zwar die typischen sieben Halswirbel beibehalten, aber durch fortwährendes Sichhinaufrecken zu höherem Blattwerk den Hals gestreckt hatte. Ein gutes Jahrhundert später versuchten immer noch Biologen einen solchen Verlauf der Anpassung experimentell zu überprüfen und nachzuweisen. Darwin hatte einen ganz anderen Mechanismus erkannt. Das geschah ziemlich zeitgleich mit seinem Landsmann Alfred Russell Wallace. Aber anders als dieser belegte Darwin seine Theorie mit einer überwältigenden Fülle von Fakten. Er hatte, anders als es gewöhnlich dargestellt – und mißverstanden – wird, nicht »die Evolution« entdeckt, sondern zwei grundlegende Mechanismen gefunden, die Evolution ermöglichen. Die Evolution ist eine Gegebenheit wie die Erdgeschichte oder der Bau des Planeten- und Sonnensystems. Die Darwinsche Theorie betrifft die Ursachen und die Art des Verlaufs evolutionärer Prozesse. Drei Gesichtspunkte sind darin entscheidend: Variation, Selektion und Zeit.

Darwin faßte zusammen, was man längst wußte, aber nicht wirklich gewürdigt hatte. Die Lebewesen variieren. Ob wir Menschen oder Tiere betrachten, die häufig genug vorkommen, ob Pflanzen oder Fossilien, stets finden wir mehr oder weniger ausgeprägte Unterschiede. Sogar wenn Organismen äußerlich ganz gleich aussehen, zeigt die genauere Untersuchung, daß es doch auch Unterschiede gibt. Im Prinzip ist, wie wir inzwischen wissen, jedes Tier und jede Pflanze ein

Individuum; eine Einmaligkeit, die auf einer besonderen, einzigartigen Kombination von Merkmalen beruht, die im Erbgut vorhanden sind. Die Vielzahl der Erbeigenschaften, der Gene, bringt es mit sich, daß mit jeder Neukombination auch wieder Neues entsteht, das von den Eltern abweicht. Darwin kannte die genetische Grundlage der Variation noch nicht, weil sie letztlich erst mit der Aufklärung der Struktur des Erbgutes, der DNA, ein Jahrhundert später aufgedeckt werden konnte, aber die Variabilität der Lebewesen war ihm aufgefallen. Sie bildet die Voraussetzung für den eigentlichen Mechanismus, den Darwin und Wallace fast gleichzeitig entdeckten, die Selektion durch die Umwelt. Denn stets erzeugen die Lebewesen mehr, meistens sogar viel mehr Nachkommen, als für die Erhaltung ihrer Art notwendig wäre. An dieser Überschußproduktion setzt die Selektion an. Darwin begriff ihre Bedeutung, weil er sich intensiv mit den Tauben- und Hühnerzüchtern befaßt hatte. Was bei der Züchtung geschieht und dabei vergleichsweise schnell vonstatten geht, läuft auch draußen in der Natur ab, so seine Erkenntnis, wenn sich die Lebensbedingungen verändern. Beide Vorgänge setzen an der vorhandenen Variation an, die im Überschuß an Nachkommen auftritt. Die Züchtung geht gezielt vor und bewirkt damit viel schneller, worauf sie ausgerichtet ist. Eine solche Richtung fehlt der Natur, denn dort wirkt keine Person oder Instanz. Solange sich nichts ändert und die Lebensbedingungen den natürlichen Schwankungen entsprechend konstant bleiben, kann auch keine natürliche Selektion in eine bestimmte Richtung stattfinden. Vorhanden ist sie dennoch. Ihre Wirkung besteht darin, das Ausmaß der Variation einzugrenzen. Zu starke Abweichungen von der vorhandenen Norm werden vernichtet. Je beständiger die Umwelt, desto enger wird so die Variationsbreite und um so unauffälliger die geringfügigen Abweichungen. Um zu einer Änderung zu kommen, muß sich die Umwelt verändern. Dabei geht es gleichfalls nicht um bloße Schwankungen, Fluktuationen, sondern um anhaltende Verschiebungen der Bedingungen. Darwins wichtigster Partner war in dieser Hinsicht der Geologe Sir Charles Lyell, der das sogenannte Aktualitätsprinzip in die Geologie einführte. Er leitete es von Beobachtungen ab, daß sich zum Beispiel in Seen mit der Zeit zunehmende dickere Schichten von Sedimenten ausbilden. Jahr für Jahr wachsen sie lediglich um Millimeter. Aus solchen Sedimenten, die in früheren Zeiten der Erdgeschichte abgelagert worden waren, kann Sedimentgestein entstehen. Sein Alter ergibt sich aus der Berechnung der Zeit, die nötig wäre, um nach heutigen Ablagerungsgeschwindigkeiten entsprechende Massen aufzubauen. Eine Schicht von hundert Metern Dicke würde demnach bei einem Millimeter Ablagerung pro Jahr hunderttausend Jahre alt sein. Das war noch vorstellbar. Aber bei mehrere Kilometer dicken Schichten wuchsen die Zeiträume auf für damalige Verhältnisse kaum glaubliche Jahrmillionen an. Genau das brauchte aber Darwin, um die Veränderungen, die er an Tieren und Pflanzen feststellte und mit den Fossilfunden in Beziehung zu setzen versuchte, zu erklären. Er wußte durch seine Untersuchungen an Korallenriffen in der Südsee, daß auch das Wachstum der Korallentiere solch lange Zeiträume umfaßt, wenn kilometerhohe Riffe jährliche Zuwächse von nur wenigen Millimetern zeigen. Damit hatte die natürliche Selektion, wie er sie nannte, um sie von der künstlichen, vom Menschen ausgeübten Auslese klar zu unterscheiden, genügend Zeit zur Verfügung, um aus einfachsten Anfängen höchst komplizierte Gebilde zu entwickeln. Per Zufall, wie Darwin annahm und weshalb er immer wieder, bis in die Gegenwart, auf das heftigste kritisiert wurde. Dem klaren Befund der Variation hatte er als Mechanismus die natürliche Selektion zugeordnet. Diese braucht sehr viel Zeit, weil sie kein vorgegebenes Ziel hat. Die drei Hauptbestandteile von Darwins Theorie fügen sich zu einer Wirkungskette zusammen. (1) Günstige Variationen entstehen (per Zufall) – (2) natürliche Auslese fördert ihre Häufigkeit, indem ihr weniger passende (weniger fitte) Variationen stärker zum Opfer fallen – (3) dieser Vorgang setzt sich über (sehr) lange Zeiträume fort. So entsteht Neues. Eine lückenlose Kette von Übergängen liegt dazwischen, von denen wir, mit viel Glück, die Überreste in Form von Fossilien wiederfinden. Darwin folgerte daraus, daß sich die Lebewesen über diesen Vorgang der Evolution auch immer besser an die Umwelt anpassen. Er begründete mit seinen vielen Beispielen, die er zusammengestellt und veröffentlicht hatte, auch das dritte Grundkonzept der Evolution, die Anpassung oder Adaptation. Ohne weiter auf die Zeit selbst zu achten, setzte er mit der Adaptation das Ergebnis von Variation und Selektion ein. Die Zeit ging ihm damit weitestgehend verloren. Sie war ohnehin unvorstellbar lang geworden. Die geschichtliche Zeit der Menschen des späten 19. und frühen 20. Jahrhunderts war noch nicht reif für »astronomische Zeitspannen«. Für die Eiszeit nahm man nur ein paar hunderttausend Jahre an, und das war lange genug. Jahrmillionen, dreieinhalbtausend davon, die das Leben mindestens schon existiert, waren jenseits des Vorstellungsvermögens.

Darwins Evolution war damit ein außerordentlich langsamer, für die Gegenwart bedeutungsloser Vorgang. Wichtiger erschien eine Schlußfolgerung, die Darwin mit dem Ausdruck ›survival of the fittest‹ gezogen hatte. Das Überleben der Tüchtigsten, Tauglichsten, Fittesten, Besten – oder wie immer man die Sieger im evolutionären Wettstreit nennen mochte – gab eine vorzügliche Begründung für die Überheblichkeit der Kolonialherren ab. Sie waren einfach der Natur nach die Besten geworden. Das berechtigte sie, über die Minderen zu herrschen. Die Unterschiede zwischen den Völkern waren ja offensichtlich. Man brauchte nichts umzudeuten. Der Westen war am besten und darin wiederum die Abkömmlinge nordwesteuropäischer Nationen, die sich im ausgehenden 19. und frühen 20. Jahrhundert an die Spitze aller gesetzt hatten. Ihr Hauptableger in Nordamerika bestätigte mit seinem Aufstreben die Vater- und Mutterländer der atlantischen Zivilisation. Rund ein halbes Jahrhundert währte die damals neue Weltordnung nach dem Prinzip des Vorrechts der Stärkeren. Die Gegenströmung von der Basis her, die alle Unterdrückten und Entrechteten für gleichwertig und gleichberechtigt einstufte, fing indessen an, auf eine neue Weltordnung hinzuarbeiten. Aus der lange andauernden Ruhe ging eine gewaltige, eine epochale Umwälzung hervor. Sie funktionierte nicht nach dem Darwinschen Evolutionsprinzip, sondern über die Revolution. Die zum Sozialdarwinismus verkommene Rechtfertigung des Überlebenskampfes wurde in beiden Hauptrichtungen geächtet, in der nationalsozialistischen wie in der kommunistischen Version. Darwins Zeitmuster hatte sich offenbar nicht bewährt, oder das Prinzip der Evolution ließ sich nicht auf die von Menschen gestaltete Gegenwart, die Geschichte mit eingeschlossen, anwenden. So verlor auch die Ökologie die Evolution und ihre Prinzipien aus den Augen. Die Natur mochte rot von Blut an Zähnen und Krallen sein, wie einer der vielen Vorwürfe lautete, der sich gegen das allzu brutal erscheinende »Überleben des Stärkeren« richtete. Der Mensch hat sich längst über die Natur gestellt. Er muß eigenen Gesetzen folgen und solche immer wieder auf ihre Tauglichkeit überprüfen. Tauglichkeit? Steckt doch mehr im Verborgenen? Und warum interessierten sich in der so extrem turbulenten ersten Hälfte des 20. Jahrhunderts nur einige Theoretiker, allen voran Mathematiker (!) für die Evolution? Sie formulierten in Gleichungen, was Darwin und seine direkten Nachfolger nur mit Worten beschreiben und mehr erahnen als konkret fassen konnten: Die Verschiebung von Gleichgewichten durch den Druck von Selektion in der Evolution. Sie faßten auch in mathematische Formeln, unter welchen Bedingungen zwei um dieselben Lebensgrundlagen konkurrierende Arten es schaffen, miteinander auszukommen, und wodurch die eine oder die andere Art gewinnt. Ein Menschenalter nach der Veröffentlichung von Darwins *Ursprung der Arten* machten diese Mathematiker den Vorgang der Evolution damit berechenbar. Sie zeigten, daß Selektion keineswegs allein von der nichtlebendigen Umwelt, von Wetter und Klima oder den Bedingungen der Böden und des Wasserhaushaltes ausgeht, sondern auch, sehr stark sogar, von anderen Lebewesen, von der Konkurrenz. Es war eine »große Zeit« in den zwanziger und dreißiger Jahren des letzten Jahrhunderts. Sie ist verbunden mit Namen wie Godfrey Harold Hardy, Georgii Frantsevitch Gause, Alfred James Lotka, Vito Volterra und Wilhelm Weinberg, und sie gipfelte im zusammenfassenden Werk des russischen Evolutionsbiologen Theodosius Dobzhanski mit der sogenannten Synthetischen Theorie der Evolution. Ein Jahrhundert nach Erscheinen des *Ursprungs der Arten* markierte es einen Wendepunkt. Evolution wurde nun nicht mehr nur »beschrieben« und plausibel gemacht. Darwins natürliche Selektion war vielmehr nun mit der Genetik und den Gesetzen der mathematischen Statistik verbunden. Wie schnell und in welche Richtung sich Häufigkeiten bestimmter Eigenschaften in einem Bestand, einer Population, von Lebewesen verändern, das ließ sich nun berechnen und mit den Befunden in der Natur vergleichen. Berechenbar war nun auch, wie stark Konkurrenz wirkt und wie rasch sie ein bestimmtes Ergebnis herbeiführen wird. Doch noch immer konnte man nicht ins Innere der Organismen blicken, um die Träger der Eigenschaften und ihrer Variation, die Gene, zu erfassen. Der Durchbruch hierzu gelang erst in unserer Zeit mit den Methoden der Molekulargenetik. Sie bestätigten umfassend, was sich Darwin in den Grundzügen vorgestellt hatte. Die Einheit aller Organismen ist nun bis zu deren frühesten Ursprüngen nachgewiesen, die Änderungen, die äußerlich und in den Körperfunktionen sichtbar sind, stimmen mit den Befunden der Molekulargenetik überein, und sie lieferte das wichtigste Instrument, das noch fehlte: die Bestimmung der Zeit. Dazu bedarf es keiner höheren Mathematik und leistungsstarken Rechner für hochgradig komplexe Gleichungen, sondern lediglich einer entsprechenden Laborausrüstung. Sie zeigt über die rasche Vervielfältigung von Teilstücken aus dem Erbgut, die von verschiedenen Arten von Organismen stammen, und über das Ausmaß der Unterschiede sowohl den Grad der Verwandtschaft als auch die Zeitspanne an, die seit der Trennung der Ausgangsformen verstrichen ist. Das war es, was gefehlt hatte.

Die Zeit und die Uhren

Evolution ist Veränderung in der Zeit. Die lange Dauer der Entwicklungen kennzeichnet den Evolutionsprozeß. Sie gibt dem Vorgang neue Ausgangspunkte, wo es zu Abzweigungen kommt, und teilt mit, wie lange es gedauert hat, bis der gegenwärtige Zustand erreicht worden ist. Sie relativiert diesen zu einem momentanen Zwischenzustand im Fluß der Zeit. Ein Endergebnis ist dieser Zustand nicht, auch wenn es uns so scheint, weil wir hier und jetzt und nicht in der Zukunft leben. Die Molekulargenetik hat mit den langen Zeitspannen, die sie feststellte, Darwin zwar grundsätzlich recht gegeben. Sie hat die Uhren für die Zeiträume der Evolution in den Lebewesen selbst, in ihrem Erbgut, gefunden. Veränderungen, Mutationen, sammeln sich darin an und werden »ablesbar«. Molekulare Uhren nennt man diese Anhäufung von Mutationen über die Zeit hinweg sehr treffend. Anhand der Fossilien lassen sie sich stellen und eichen. Sie geben uns das Zeitmaß der Evolution.

Die damit gewonnenen Befunde bedeuten aber, daß es für starke Veränderungen auch entsprechend massive Ursachen gegeben haben muß. Die Evolution plätscherte nicht einfach so vor sich hin. Das Aufkommen neuer Stammeslinien verteilt sich nämlich weder zufällig noch gleichmäßig über den Lauf der Zeit, sondern höchst ungleichmäßig. Das stimmt mit dem überein, was die Vorgeschichte des Lebens, die Paläontologie, einerseits so schwierig, andererseits aber der menschlichen Geschichte auch so ähnlich macht. In beiden Zeiträumen gibt es keine »glatten«, sondern fast immer »krumme« Zahlen; Daten, die man sich einprägen muß, um die Zeiten und die mit ihnen verbundene Geschichte behalten oder verstehen zu können. Die Erdgeschichte läßt sich nicht einfach in Zehnerschritten gliedern, um damit über Jahrtausende, Zehn- und Hunderttausende von Jahren zu den Jahrmillionen und zu noch längeren Zeiträumen bis zum Anfang des Lebens vor dreieinhalb bis vier Milliarden Jahren zu gelangen. Wir können damit nur die Grundlinie der Zeit ziehen, um die Zeiten und die Ereignisse, die sie eingrenzen, darauf abzubilden. Wir müssen es hinnehmen, daß die dritte große Erdzeit, das Tertiär, vor 65,3 Millionen Jahren etwa angefangen hat. Das Erdmittelalter ging damals zu Ende, nachdem dessen letzte Hauptabschnitte, die Kreide- und die Jurazeit, 79 und 69 Millionen Jahre gedauert hatten. Die vor ihnen liegende Trias-Zeit war nur 35 Millionen Jahre lang, die Steinkohlezeit, das Carbon, aber 74 Millionen. Und die Zahlen ändern sich mit fortschreitender Forschung, neuen Befunden und genaueren Datierungsmöglichkeiten.

Die Erdgeschichte und die mit ihr engstens verbundene Geschichte des Lebens verliefen also keineswegs ruhig und gleichmäßig, sondern mit markanten Einschnitten, großen Turbulenzen, bei denen sehr viele Lebewesen ausgestorben sind, und ohne erkennbaren Zusammenhang mit dem Lauf der Zeit selbst. Für die Einschnitte, die sich klar in den Schichtenfolgen und in den Reihen der Fossilien zeigen, brauchen wir Erklärungen. Das Aussterben zog sich nämlich gleichfalls nicht kontinuierlich hin, sondern es kam nach den erdgeschichtlichen Maßstäben meistens ziemlich plötzlich. Am bekanntesten und auch am umstrittensten ist das Ende der Dinosaurier zum Zeitenschnitt zwischen der Kreide- und der Tertiärzeit. Was damals, vor gut 65 Millionen Jahren, geschah, zeichnet sich immer deutlicher ab. Riesenmeteoriten schlugen ein; einer davon war womöglich als Impact entscheidend. Es kam auch zu gewaltigen Vulkanausbrüchen und lang anhaltenden Lavaergüssen. Doch was immer die Hauptursache gewesen sein mag, am Befund ändert es nichts. Ein Massensterben hatte es zu diesem Zeitabschnitt gegeben, das nicht nur die Dinosaurier, sondern zahlreiche andere, bis dahin sehr erfolgreiche Tiere und Pflanzen nicht überlebten. Nach jenem Großereignis fing ein wirklich neues Zeitalter an, und es kam zu Entwicklungen, aus denen schließlich auch wir Menschen mit unserer Stammeslinie hervorgingen. Auf das Ende der Dinosaurier folgte die große Zeit der Vögel und der Säugetiere, die sich nun alle Lebensräume zu Lande und zu Wasser eroberten. Dabei traten so merkwürdige Abzweigungen auf, die man eher als Abweichungen charakterisieren sollte, wie Tiere, die sich vom Land kommend höchst erfolgreich zu Meeresbewohnern, zu Walen und Delphinen oder, im Bereich der Vogelwelt, zu Pinguinen entwickelten. Betrachtet man sie gegenwärtig ohne Kenntnis der Vor-, Zwischen- und Übergangsformen, möchte man nicht glauben, daß es sich bei ihnen ursprünglich um weitestgehend »normale« Landsäugetiere und Landvögel gehandelt hatte, deren Vorfahren im Falle der Pinguine sicherlich auch fliegen konnten. Ähnlich schwer fällt es selbst den Kennern, sich klarzumachen, daß die so sehr mit Luft und Sonne verbundenen Schmetterlinge ursprünglich aus dem Wasser stammen oder daß fast alle Fische der Weltmeere ihre Vorfahren im Süßwasser hatten. Und so fort.

Schon stark vereinfachte Überblicke über die Evolution machen klar, daß es sich dabei keineswegs um einen geradlinig gerichteten Prozeß gehandelt hat. Manches, was sich früher schon unter kundigen Augen und Händen abgezeichnet hatte, aber einfach unglaublich erschien, ist inzwischen von der molekulargenetischen Forschung bestätigt worden. Gänzlich unerwartet Neues kam hinzu. Darwins äonenlang langsamer Prozeß hätte keine Richtung gegeben, weil sich nirgendwo über viele Jahrmillionen hinweg die Lebensbedingungen so langsam und so gleichförmig in eine bestimmte Richtung verändert hatten. Die Zeit im erdgeschichtlichen Sinne enthält nicht die Lösung für das zentrale Rätsel der Evolution, daß es mit dem Leben insgesamt aufwärts und vorwärts gegangen ist. Vorwärts mit der Zeit und nicht gegen sie, um dem physikalischen Zerfall entgegenzuwirken. Denn alles, was mit der Zeit läuft, unterliegt auch ihren Verlusten. Wir nennen es kurzfristig »altern«, langfristig betrachtet »Zerfall«. Nichts ist bekanntlich von Dauer; auch das härteste Gestein unterliegt der Erosion und dem Zerfall mit der Zeit. Das Leben muß dieser Gesetzmäßigkeit allein schon deswegen massiv entgegenwirken, um sich überhaupt erhalten zu können. Die Physik bezeichnet dieses Naturphänomen als Entropie und betont ihre unvermeidbare Zunahme mit der Zeit. Das Leben muß sich gegen diese Entropie stemmen. Wie es das schafft, ist im Grundsatz bekannt, aber in vielen Details noch immer reichlich unverstanden. Der Grundsatz besagt, daß Leben Energie aufnehmen muß, um beständig gegen den Zerfall, gegen die Entropie, sich selbst immer wieder aufzubauen. Leben kann nur »leben«, also aktiv sein, wenn es sich mit Energie versorgt und diese »verbraucht«. Verbraucht wird die Energie dabei nicht wirklich, sondern von nutzbarer chemisch gebundener Energie umgesetzt in Wärmeenergie, die verlorengeht. Damit hebt sich das Leben aus dem allgemeinen Entropiegefälle heraus und widersetzt sich dem Zerfall. Der Physiknobelpreisträger Ilya Prigogine bezeichnete die Organismen daher als »dissipative Strukturen«, weil sie schneller, als es dem physikalischen Zerfall entspricht, Energie in Entropie umwandeln und davon selbst leben. Sie halten sich – solange sie leben, »fern vom Gleichgewicht«. Nähern sie sich dem physikalischen Gleichgewicht an, gehen sie zugrunde. Der Tod ist das Erreichen des (thermodynamischen) Gleichgewichts. In einer solcherart physikalischen Betrachtungsweise erscheint Leben als ein Prozeß, der sich von der unbelebten Welt abgelöst, also emanzipiert hat.

Leben existiert damit nicht einfach nur und erhält sich selbst, weil es sich erfolgreich gegen den naturgesetzlichen Zerfall gestemmt hat, sondern es hat sich weiterentwickelt. Das geht unbezweifelbar aus den Fossilfunden hervor. Die ältesten Lebensformen sind einfacher gebaut als später entstandene. Die Komplexität der Organismen beweist hinlänglich, daß die Evolution als Prozeß fortschreitet, auch wenn sich dabei keine Richtung – etwa zum Menschen hin – festlegen läßt. Man mag auch darüber streiten, ob der Fortschritt des Lebens »aufwärts« ging zu Höherem und Besserem, denn damit verbinden sich bereits Wertungen, die von menschlicher Sicht abgeleitet werden. Doch daß Vögel mehr leisten als die Kriechtiere, mit denen sie näher verwandt sind als mit den Säugetieren, steht außer Frage. Tiere und Pflanzen sind »mehr« als Einzeller und diese komplexer entwickelt als Bakterien. Strukturen und Leistungen kennzeichnen die verschiedenen Formen des Lebens, die in der Evolution entstanden sind. Was die von uns als »höher« oder »besser« entwickelt empfundenen Lebewesen auszeichnet, ist ihre stärkere Loslösung von der Umwelt. Fortschritt in der Evolution bedeutet zunehmende Emanzipation vom Diktat der Umwelt. Das zeigt sich in den unterschiedlichsten Bereichen der Evolution, bei Pflanzen wie bei Tieren und besonders innerhalb der verschiedenen Gruppen. Um Anpassung im Sinne Darwins geht es um so weniger, je stärker sich die betreffenden Lebewesen von der Umwelt gelöst haben. Darin ist nicht etwa eine Selbstüberschätzung des Menschen versteckt, der sich somit auf andere Weise die Spitzenstellung zuordnen möchte, sondern ein allgemeines Phänomen. Die Vögel sind uns als Tierklasse hinsichtlich der direkten Lösung von der Umwelt sogar ziemlich überlegen. Ohne Technik und zusätzlichen Energieeinsatz können sie mit eigener Kraft Distanzen wie Interkontinentalflugzeuge überwinden, in deren Flughöhen ohne Sauerstoffgeräte aufsteigen, und sie haben alle Lebensräume an Land von Pol zu Pol besiedelt. Ihr besonderer Lungenbau und ihr sehr hoher Umsatz von Energie in ihrem Körper befähigen sie zu Höchstleistungen, die weit über das Menschenmögliche hinausgehen. Wir brauchen Technik und zusätzliche Energien, um es ihnen gleichzutun. Für uns Menschen am leichtesten nachvollziehbar zeigen uns die Vögel, wie sich das Leben von den Zwängen der Umwelt gelöst und sehr weitgehend emanzipiert hat. Wir gingen, unserer Abkunft von bodengebundenen Primaten gemäß, auf andere Weise vor und haben diesen Prozeß der Emanzipation ohne Zweifel auf eine noch nie dagewesene Spitze getrieben.

Die tatsächlich ja vielfach bewiesene Anpassung verliert im Zuge dieser Emanzipation des Lebens von der unbelebten Natur nun keineswegs ihre Bedeutung. Sie wird gleichsam nur an die Oberfläche, besser: an die Außenfläche der Organismen verlagert. Natürlich muß auch das Säugetier, das ins Wasser geht und sich diesen Lebensraum zunutze macht, den Außenbedingungen des Wassers ganz entsprechend wie die Fische angepaßt sein. Die Fischform ist die Reaktion auf diesen Zwang, aber sie bleibt eben doch nichts weiter als Form. Wale und Delphine sind deshalb keine »Fische« geworden, sondern Säugetiere geblieben, die sogar mit ihrem Unterwasser-Sonarsystem einzigartige Leistungen entwickelt haben. Sie sind ungleich weniger vom Wasser als die Fische abhängig. Im Körperinneren sind sie nicht nur Säugetiere geblieben, sondern sie halten auch die ihrer Herkunft gemäße Körperwärme aufrecht, säugen ihre Jungen mit Milch und können beliebig zwischen warmem und kaltem Wasser wechseln, so dies im Hinblick auf Nahrung und Fortpflanzung geboten ist.

Wäre nun aber die Evolution im ursprünglich streng Darwinschen Sinne abgelaufen und wäre sie dem in unserer Zeit so vielbeschworenen Prinzip der Sparsamkeit des Energieeinsatzes gefolgt, hätten die Meeressäuger und die Vögel (wie auch wir Menschen) nie entstehen dürfen! Gerade die Vögel verbrauchen viel zu viel Energie; das Fünf- bis Zehnfache eines gleichschweren Säugetiers und ein Vielfaches verglichen mit ihrer Reptilienverwandtschaft. Die Lebewesen gehen ihrer Natur nach tatsächlich nicht sparsam mit der Energie um, sondern versuchen, diese so stark wie möglich einzusetzen. Sie verhalten sich damit durchaus »ökonomisch« in dem Sinne, wie wir den Begriff für die Ökonomie des Menschen gebrauchen. Denn sie versuchen auch, stets das Beste aus den verfügbaren Möglichkeiten zu machen. Sie leben in der Gegenwart und sorgen nicht für die Zukunft vor. Ertragsmaximierung bestimmt ihr Tun und nicht langfristige Vorsorge. Und weil es Lebewesen sind, die im Naturhaushalt wirtschaften, sollten wir vielleicht davon ausgehen, daß auch ihre Tätigkeiten in diesem Naturhaushalt insgesamt diesem Grundsatz folgen. Dann wären allerdings die Ökosysteme, in denen Tiere und Pflanzen zusammenwirken, ziemlich anders zu sehen, als das üblicherweise der Fall ist. Die Interpretation von Ilya Prigogine paßt jedenfalls besser: Sind schon die Organismen selbst »dissipative Strukturen«, die sich fern vom Gleichgewicht halten, so sollten dies auch die Gemeinschaften dieser Lebewesen sein. Sie wären dann nicht im Gleichgewicht und würden auch nicht danach streben, sondern sich so fern wie möglich davon halten. Die gängige Sicht der (lebendigen) Natur würde damit geradezu auf den Kopf gestellt – und unserem eigenen Leben und Verhalten nahegerückt:

Lebewesen fern vom Gleichgewicht – lebendige Ökosysteme fern vom Gleichgewicht – Menschheit fern vom Gleichgewicht! Darf so etwas überhaupt gedacht werden?

Spannungen

Die neue Wissenschaft von der Ökologie fand schnell begeisterte Anhänger. Sie vermittelte neue Einblicke in das Leben der Tiere und Pflanzen. Merkwürdige Lebensweisen erhielten einen Sinn, weil die Ökologie darlegte, wozu sie gut sind. Hatte man vorher die Lebensvielfalt mehr bestaunt als verstanden, so glaubte man nun, auch zu verstehen, warum es so Abstruses in der Natur gibt wie elektrische Aale, giftige Spinnen, Fleischfliegen, Nacktmulle oder auch ›Karikaturen‹ des Menschen, wie die Menschenaffen und andere Affen. Parasiten und Krankheitserreger rückten auf und erhielten wie alles andere auch ihre Plätze im »Haushalt der Natur«. Der aus der romantischen Naturschwärmerei und dem Heimatschutz hervorgegangene Naturschutz erhielt mit dieser auf Harmonie abgestimmten Ökologie eine wissenschaftliche Grundlage. Von dieser aus ließen sich Ziele entwickeln, wie »die Natur« sein oder bleiben soll und warum Arten geschützt werden müssen. Der Naturhaushalt braucht sie, sonst gerät er aus dem Gleichgewicht. Eine Verherrlichung der Natur griff um sich. Die Natur war gut, zumindest solange sich der Mensch in paradiesischer Einfachheit in sie hineingefügt hatte. So wie die »Wilden«, die zum Beispiel die amerikanische Völkerkundlerin Margret Mead auf den Südseeinseln fand, oder die neuentdeckten, in ursprünglicher Nacktheit lebenden Amazonasindianer. Die Natur war gut, weil sie den Kontrast zu den schrecklichen Zuständen in den durch die Industrialisierung enorm wachsenden Städten bildete. Ihrer Unwirtlichkeit mußte man entfliehen, sooft das irgendwie möglich war. Das Wuchern der Städte, die Verrußung des Himmels durch die Abgaswolken aus den Fabrikschloten und die katastrophalen hygienischen Verhältnisse in den Gewässern, denen die ungereinigte Fracht der Abwässer überlassen wurde, boten Grund genug, die neue Menschenwelt als schlimm und die bäuerliche Kulturlandschaft als paradiesisch zu empfinden. Unser Umweltschutz ist kaum mehr als ein Nachklang zu den Verhältnissen im 19. und zum Teil auch noch im frühen 20. Jahrhundert. Wo es heute um Promilleanteile oder noch viel winzigere Mengen von Schadstoffen geht, ging es damals um die Vollen. Natürlich drückten blütenreiche Wiesen, über denen bunte Schmetterlinge im Sonnenlicht schaukelten, eine im Vergleich zu den frühindustriellen Verhältnissen heile Welt aus. Wie sehr die Landbevölkerung sich aber mühen mußte, um den kargen Böden Ertrag zum eigenen Überleben abzuringen, blieb nostalgischen Naturschwärmern verborgen, oder sie wollten das nicht wissen. Zu Hunderttausenden und Millionen wanderten die Armen aus den so ertragsschwach gewordenen Regionen Mittel- und Westeuropas in die »Neue Welt« aus. Sie hatten nichts mehr zu verlieren. Hunger und Elend waren über die Jahrzehnte und Jahrhunderte ihre Begleiter gewesen. Die Verfügbarkeit der Grundnahrungsmittel setzte dem Bevölkerungswachstum unerbittliche Grenzen. Die menschlichen Bevölkerungen verhielten sich geradezu »theoriegemäß« ökologisch: Wachsende Bestände, die ihre Umweltkapazität erreicht oder überstiegen haben, müssen entweder an Hunger und Krankheiten zusammenbrechen oder in neue Gebiete abwandern. Mortalität und Emigration gleichen den Zuwachs aus und drücken die Bestände in aller Härte auf die Tragkraft der Umwelt zurück. Gute Jahre können diese Tragkraft oder Umweltkapazität erhöhen, schlechte senken sie um so mehr ab. In der freien Natur bedeuten gute Jahre noch mehr Überschuß im Nachwuchs und nicht selten auch Zuwanderung, Immigration, aus anderen Gebieten mit schlechteren

Verhältnissen. Sie erhöhen den Druck somit eher, als zu entlasten. Ein stetes, aber zumeist nicht vorhersagbares Auf und Ab ist die Folge dieser natürlichen Schwankungen der Umweltkapazität. Entscheidend wirkt dabei zumeist die Witterung, denn sie bestimmt vor allem, was und wieviel davon an der Basis produziert wird und somit zur Nutzung verfügbar ist. Die Basis stellt, von wenigen in diesem Zusammenhang vernachlässigbaren Sonderbedingungen, wie heiße Quellen in der Tiefsee und ähnliches, abgesehen, die Pflanzenproduktion dar. Ernst Haeckel hatte die Pflanzen der Umwelt zugerechnet und bei seiner letzten Begriffsbestimmung der Ökologie nur die Tiere im Auge. Heute nennen wir diese Basisproduktion die »Primärproduktion«, weil die grünen Pflanzen dazu keine organischen Stoffe brauchen. Sie erzeugen die Primärprodukte, die Kohlenhydrate, aus Kohlendioxid, Wasser und Mineralstoffen mit Hilfe der Energie des Sonnenlichtes. Praktisch das ganze Leben auf der Erde hängt davon ab. Photosynthese wird der chemische Vorgang genannt. Doch was sie unmittelbar erzeugt, diese Photosynthese, ist Brennstoff. Die allermeisten Lebewesen, sämtliche komplexen Organismen, uns Menschen eingeschlossen, benötigen diesen Brennstoff, um ihren »Lebensbetrieb« in Gang zu setzen und aufrechtzuerhalten. Die eigentlichen Lebensstoffe erzeugt die Photosynthese nicht. Sie ist das Mittel, um die stickstoffhaltigen Eiweißstoffe, die Proteine, und die Energieträger in den Zellen, die Phosphorverbindungen, aufzubauen. Ihre Produkte entsprechen dem Benzin für unsere Motoren und Maschinen. Denn die Lebewesen müssen dem von Prigogine entdeckten Prinzip folgen, mit starkem Energieverbrauch das aufzubauen, was das Leben kennzeichnet: Körper, Organismen, die von der Außenwelt abgegrenzt sind, Stoffwechsel, der im Innern abläuft und Leistung erzeugt, sowie Wachstum, das Fortpflanzung ermöglicht. Fortpflanzung ist Erneuerung. Sie ist unabdingbar, ansonsten würden die Organismen dem allgemeinen Zerfall, der Entropie, ausgeliefert sein und sich nicht erhalten können.

Diese Primärproduktion teilt die Welt der Lebewesen in zwei Großgruppen. Die Pflanzenwelt, die produziert, und die Welt der tierischen Organismen und der Mikroben, die verwerten und wieder abbauen. Ein Kreislauf kommt zustande. Er führt von den Produzenten, den Pflanzen, über die Konsumenten, die Tiere, zu den Endverwertern, den alles Organische wieder abbauenden Mikroben. Die von den Pflanzen aufgenommenen Mineralstoffe werden dadurch wieder frei und verfügbar. Im Modellfall sieht das ganz wunderbar aus. Die Sonnenenergie treibt den Kreislauf an wie das Wasser das Mühlrad. Und so wie dieses »fallen« muß, damit Energie gewonnen werden kann, müssen die Pflanzen die Energie des Sonnenlichtes speichern und über Kaskaden von Abbauvorgängen in günstigen Portionen die chemisch gebundene Energie wieder freisetzen. Sie treibt die Lebensvorgänge an. Ohne dieses Gefälle, ohne dieses Potential, ginge es nicht. Nur wenn mehr Energie zurückgehalten wird, als dem allgemeinen Zerfall anheimfällt, kann sich gleichsam ein Energiestau aufbauen.

Wiederum naturgemäß ist dieser Rückstau von Energie um so größer, je mehr Sonnenlicht die grünen Pflanzen erreicht. Polnahe Regionen auf der Erde mit geringer Sonneneinstrahlung vermögen daher nur Bruchteile von dem zu produzieren, was grüne Pflanzen unter hochstehender Tropen- oder Sommersonne aufbauen. Umfassend beteiligt ist an all diesen Vorgängen das Wasser. Es dient als Transportmittel, wirkt aber auch unmittelbar in der Photosynthese. Sonnenlicht und Wasser bestimmen damit maßgeblich die pflanzliche Produktion.

Aber nicht allein. In der Grundgleichung der Energieversorgung, in der Photosynthese, tauchen nur Wasser und Kohlendioxid auf. Aus ihnen entstehen Zucker (Kohlenhydrate = Kohlenstoffverbindungen mit Wasserstoff) und Sauerstoff. Die Kohlenstoffverbindungen sehen wir in Form der Pflanzenprodukte. Wo besonders viele gebildet werden, sind sie als Stärke oder Holz festgelegt. Die Menschen wissen seit Urzeiten, daß beide Produkte Energie liefern. Sie nutzen diese als Nahrung und um Feuer zu machen.

Das für die Photosynthese benötigte Kohlendioxid entnehmen die Pflanzen der Luft. Es ist ihr Grundnahrungsmittel. Wohlbekannt ist auch, daß das Wachstum nur bei ausreichender Wärme möglich ist und daß die Pflanzen Licht und Wasser dafür brauchen. Je mehr sie produzieren, um so größer ist ihr Wasserbedarf. Wüstenpflanzen oder solche, die in der Kälte leben, benötigen wenig davon, produzieren aber auch fast nichts in einem Jahreslauf. Dennoch ist das Ganze so noch ziemlich unvollständig. Die Gleichung der Photosynthese beschreibt offenbar nicht wirklich, was geschieht und was zum Wachsen nötig ist. Wie sich auch umgekehrt der Verbrauch der pflanzlichen Produktion nicht mit der Atmung allein beschreiben läßt. Sie ist zwar die Umkehrung der Photosynthese, und auch wir Menschen »verbrennen« bei der Atmung Kohlenstoffverbindungen zum Kohlendioxid, das wir ausatmen, aber davon könnten wir nicht leben. Die eigentlichen Stoffe des Lebens sind, wie oben schon festgestellt, die Stickstoff- und Phosphorverbindungen, also Proteine und die speziellen Energie(über)träger, die an eine gleichfalls stickstoffhaltige Substanz, das Adenosin, gebundenen Triphosphate (abgekürzt ATP genannt). Die Pflanzen benötigen also mehr als nur Kohlendioxid, Wasser und Sonnenlicht zum Wachstum. Auch wir können wie alle Lebewesen nicht nur von Energie leben. Die Stoffe, um die es wirklich geht, das sind die Proteine, die essentiellen Aminosäuren, die lebenswichtige Verbindungen sind.

Das erkannte am Ende des 19. Jahrhunderts der deutsche Chemiker Justus von Liebig – und revolutionierte mit seiner Erkenntnis die Landwirtschaft. Die Felder und Fluren Mitteleuropas waren und blieben trotz Sonnenlicht, Wasser und zumindest einigen Sommern mit ausreichender Wärme ertragsschwach, weil die Böden ausgelaugt und an Mineralstoffen verarmt waren. Liebig ermittelte das richtige Verhältnis der Mineralstoffe und erfand den Kunstdünger. Seine Hauptbestandteile sind Stickstoff, Phosphor und Kaliumverbindungen, und eine lange Zeit benutzte Abkürzung lautete demzufolge Nitrophoska (Nitro für Stickstoff). Das »richtige Verhältnis« führte ihn auch auf die richtige Spur. Liebig formulierte den Befund als Gesetzmäßigkeit: Die Höhe der (pflanzlichen) Produktion hängt von jenem Stoff oder Faktor ab, der im Verhältnis zu den anderen im Minimum ist. Als »Liebigsches Minimumgesetz« ist es bekanntgeworden. Die Landwirtschaft nahm nach den Unterbrechungen durch die beiden Weltkriege daraufhin einen ungeahnten Aufschwung zu gänzlich unerwarteten Produktionshöhen.

Doch Ökologie und Ökonomie waren längst stark genug getrennt, so daß das Liebigsche Gesetz vom Minimum in seiner Bedeutung für die allgemeine Ökologie, für den gesamten Naturhaushalt, nicht gebührend erkannt worden ist. Dabei besagte es ganz klar: Mangel ist der vorherrschende und bestimmende Zustand in der Natur. Produktivität ergibt sich aus dem Spannungsfeld zwischen Überfluß und Mangel. Behebung des Mangels kann die Produktivität ganz stark erhöhen, ohne daß sich sonst in den natürlichen Rahmenbedingungen etwas ändert. In der Landwirtschaft wurde dies von Anfang an deutlich, als die künstliche Düngung einsetzte und die alte »Kreislaufwirtschaft« mit Stalldünger ablöste. Sie hatte sich nicht wirklich als geschlossener Kreislauf praktizieren lassen. Mit jeder Ernte gingen Mineralstoffe verloren, die man dem Boden entzogen, nicht aber wieder zurückgegeben hatte. Das agrarische System leckt. Es ist nicht dicht genug, um langfristig anhaltend gute Produktivität zu gewährleisten. Mindestens die Verluste müssen ersetzt werden, um das Produktionsniveau zu halten. Besser ist es, wenn mehr zur Verfügung steht, denn das hebt die Produktion. Hat sich damit die vom Menschen genutzte Natur von Feld und Flur von der wirklichen Natur entfernt und entfremdet? Sollte die Natur nicht, wie eh und je, aus sich selbst heraus funktionieren? Die Ökologie konnte diese Frage nicht beantworten, zumindest nicht auf einer naturwissenschaftlich-quantitativen Basis, solange sie im wesentlichen beschreibend tätig war. In (weitestgehend oder möglichst ganz) natürlichen Systemen mußten erst die Stoffumsetzungen und Energieflüsse gemessen werden, bevor sie mit den künstlichen Agrarsystemen verglichen werden konnten. Die Zeit dazu war reif nach dem Zweiten Weltkrieg, weil nun auch die technischen Voraussetzungen für die Labor- und Feldarbeit zur Verfügung standen. Die Zeit der »Ökosystemforschung« begann. Ihren Ausgang nahm sie in Amerika und nicht mehr im Mutterland der Ökologie, in Deutschland. Die Denkweise, die dahinterstand, war klar ökonomisch-technisch ausgerichtet. Sie drückte sich nun in Begriffen aus wie Materialumsatz und Energiefluß, Wirkungsgrade und dergleichen.

Die Ökosystemisierung der Natur

Die sechziger und siebziger Jahre des letzten Jahrhunderts brachten einen gewaltigen Aufschwung in allen Bereichen. Auch in der Ökologie kam es zu Fortschritten, die einer neuen Qualitätsstufe entsprachen. Dem bislang weitgehend beschreibenden, nur im Detail analysierenden Vorgehen wurden nun theoretische Modelle hinzugefügt, die es erlaubten, große Bilanzen zu ziehen. Der Schlüsselbegriff dafür ist das Ökosystem. Die Forschungsrichtung hatte sich dabei geradezu umgedreht. Sie geht in der Ökosystemforschung nicht mehr vom Detail, von den verschiedenen Pflanzen und Tieren aus, die zu einem immer dichteren Geflecht von Beziehungen heranwachsen, je genauer sie betrachtet werden, sondern »vom System als Ganzem«, das eher wie ein Fahrzeug mit Motor betrachtet wird. Wie dieses bekommt das Ökosystem Energie für den Betrieb und leistet Umsätze. Was dabei »innen« abläuft, interessiert zunächst nicht. Es geht um die Bilanzen von Zufuhr (Input) und Leistung mit Abfall (Output). Die Leistungen werden auch nicht in Getreide oder Holzzuwachs, sondern in Energiegehalten (Kilokalorien, Kilojoule) oder Biomasseproduktion ermittelt. Die ökologischen Systeme sollen analog zu den technischen Systemen als Funktionseinheiten betrachtet werden. Das Ergebnis, an dem man interessiert ist, legt damit fest, wie das System behandelt und abgegrenzt wird. Bei einem See in der Landschaft oder einem isolierten Waldstück ist die Abgrenzung offensichtlich. Ein Flußabschnitt scheint dafür gar nicht zu taugen, und auch ein Stück Wiese oder ein Bereich in einem großen Waldgebiet geben keine natürliche Abgrenzung vor.

Die Grenzen für die Input- und Output-Ermittlungen werden dementsprechend so gezogen, wie es die Untersuchungsmethode erlaubt. So lassen sich Energie und Zufuhr organischer Stoffe in einen Boden und die Umsätze, die darin ablaufen, nicht losgelöst von der weiteren Umwelt ermitteln, sondern eben nur in vergleichsweise kleinen Ausschnitten (Probestellen). Für die Materialkreisläufe und den Energiefluß in tropischen Regenwäldern, wovon das nächste Kapitel handelt, gelten die gleichen Einschränkungen. Folglich benutzt die Ökosystemforschung die jeweils ihren Fragestellungen gemäßen Ausschnitte aus den Landschaften. Natürliche Einheiten sind das nicht; günstigstenfalls handelt es sich um Probestellen aus natürlichen oder naturnahen Lebensräumen. Das »Ökosystem« bildet dabei den Rahmen des Forschungskonzepts und nicht etwa eine Funktionseinheit der Natur, vergleichbar einem Organismus. Der Unterschied wird sogleich deutlich, wenn man sich drei grundlegende Eigenschaften eines Organismus vergegenwärtigt: Abgrenzung des Innenlebens nach außen, zentrale Funktionssteuerung und Fähigkeit zur Fortpflanzung. Kein Ökosystem besitzt solche Eigenschaften. Die Abgrenzung wird gleichsam auf dem Papier der Forscher vorgenommen, eine zentrale Steuerung der Ökosystemfunktionen gibt es nicht, und fortpflanzen können sich Ökosysteme ebenfalls nicht. Sie können, auf den Ort bezogen, ziemlich beständig oder rasch vergänglich sein und – ein weiterer wesentlicher Unterschied zu Organismen – eine nicht näher festlegbare Zahl unterschiedlicher Zustände einnehmen. Denn es gibt auch keinen »bevorzugten« Zustand oder Soll-Wert, sondern lediglich beliebig viele Ist-Zustände.

Ökosysteme sind somit alles andere als »Super-Organismen« mit einem Eigenleben. Was in diesen »Systemen«, die der menschlichen Vorstellung entstammen, tatsächlich lebt, das sind die Lebewesen selbst, nicht aber das System. Deshalb können Ökosysteme auch nicht wirklich geschädigt werden oder zusammenbrechen. Es gibt keine festgelegten Zustände, weil keine Instanz vorhanden ist, die solche Festlegungen trifft. Außer – der Mensch bemächtigt sich solcher Ausschnitte aus der Natur und »regiert« sie nach seinem Gutdünken. Dann grenzt er sie ab, als Felder etwa oder als Gärten, übt auf seiner Fläche die zentrale Steuerfunktion aus und sorgt dafür, daß bestimmte Zustände erhalten bleiben oder wiederkehren, wenn sie Zeiten der Ruhe oder der Veränderung durchmachen müssen, um wieder das zu leisten, was sie erbringen sollen. In geradezu grotesker Umdrehung der Annahmen entsprechen damit die künstlichen (Agro-) Ökosysteme weit besser dem Wunschbild eines Super-Organismus als die natürlichen Lebensräume.

Nun könnte man solche Überlegungen als Spitzfindigkeiten abtun, die von einer Handvoll Spezialisten abgesehen niemand wirklich interessieren. Denn was haben wir, was hat die Allgemeinheit damit zu tun, wie Ökosysteme sind und ob es sie überhaupt gibt? Die Antwort fällt ebenso klar wie bedeutungsvoll aus: Wir leben davon! Wir sind darauf angewiesen, daß die sogenannten natürlichen Systeme das produzieren, was wir brauchen oder haben möchten. Deshalb ist es sehr wohl wichtig, zu verstehen, was es bedeutet, »in ein Ökosystem einzugreifen«, »Ökosysteme zu belasten« oder gar »zu vernichten«. Umwelt- und Naturschutz sind viel zu wichtig, als daß wir es uns leisten könnten, mit unseren Annahmen und Maßnahmen falschzuliegen. Deshalb zurück zum System, das Ökosystem genannt wird und funktionieren soll. Worum geht es dabei?

Bei einem landwirtschaftlichen Ökosystem ist klar, was als ›Output‹ herauskommen soll. Wir können die Produkte ganz allgemein als Ernte zusammenfassen, weil man sie der Fläche, auf der sie erzeugt worden sind, in aller Regel entnimmt, um sie anderswo zu konsumieren. Ein Feld oder eine Wiese, die keine

Erträge bringen, werden nicht das Ziel der Landwirtschaft sein. Selbst ein Garten, der keine Nahrungsmittel zu produzieren hat, dient bestimmten Zwecken, wie etwa mit Blumen und Rabatten eine schöne Umwelt zu gestalten. Verwilderung von Fluren und Gärten drückt aus, daß die Nutzungsansprüche eingestellt worden sind. Einzige Ausnahme: Verwilderung soll dem Naturschutz dienen, also wildwachsenden Pflanzen und freilebenden Tieren zugute kommen. Doch dann verrät das »Eingriffsverbot« den Zweck.

In der Betrachtungsweise der Ökosystemforschung möchte man selbstverständlich auch verstehen, was wirklich abläuft, wenn das ausgewählte System produziert, sei es Holz im Wald oder Getreide auf dem Feld. Geht es, bei einem Wald, um die Gewinnung von Trinkwasser, werden die Vorgänge im Ökosystem daraufhin speziell untersucht. Dabei kann es um mögliche Belastungen des Trinkwassers mit problematischen Stoffen ebenso gehen wie um die Sicherstellung, daß auch in niederschlagsarmen Zeiten genügend Wasser aus den Gewinnungsbrunnen kommt. »Störungen« werden in dieser Betrachtung als (vermeidbare) Außenwirkungen verstanden, die sich ungünstig auf die Zielsetzungen auswirken, die mit dem betreffenden Ökosystem verbunden sind. So stört die Massenentwicklung von Borkenkäfern selbstverständlich einen Fichtenforst sehr stark, weil viele Bäume davon zum Absterben gebracht und so die Holzerträge geschmälert werden. Soll sich der einförmige Fichtenwald aber ohnehin zu naturnäheren Waldformen entwickeln, kann ein Massenbefall von Schädlingen dies beschleunigen und günstig sein.

Die Ernte, das Umbrechen und Düngen der Fluren sind nicht nur dem Selbstverständnis der Landwirtschaft gemäß, sondern auch laut deutschem Naturschutzgesetz keine »Eingriffe« in den Naturhaushalt, also auch keine Störungen, obgleich damit fast alles sichtbare Leben immer wieder großflächig vernichtet oder zumindest auf das heftigste umgekrempelt wird. Wir haben uns auch daran gewöhnt, daß wir, weil wir Menschen sind, draußen in den Ökosystemen unseren »ökologischen Fußabdruck« hinterlassen. Das gilt sogar dort, wo viel schwerere Kühe in großer Zahl herumtrampeln, die dennoch keinen »ökologischen«, wohl aber viele wirkliche Fußabdrücke hinterlassen. Dies ist keineswegs nur ironisch oder anklagend gemeint. Vielmehr soll es erläutern, welche Begriffsverwirrungen die öffentliche Gleichsetzung von ökologischer Forschung mit der Ökosystem-Methode und Ökosystemen als »Super-Organismen« der Natur geschaffen hat. Die nichtexistierenden Ökosysteme werden wie empfindliche Lebewesen behandelt, die vom Menschen mit seinem Tun nur heimgesucht, kaum jemals aber von Grund auf pfleglich behandelt werden. Sie sind »in Gefahr«, wenn sie der Mensch betritt, und sie brechen da und dort und in zunehmendem Maße zusammen, weil wir sie überlastet haben. Wenigstens von einigen Ökosystemen muß der Mensch deshalb ausgesperrt werden, um sie zu retten. Die gute Absicht ist unverkennbar. Sie verdient es, beachtet und gewürdigt zu werden. Realistisch ist sie dennoch nicht – und deswegen auch so frustrierend erfolglos. Klagen über Klagen häufen sich, weil es nicht – oder in viel zu geringem Maße – gelingt, die natürlichen Ökosysteme vor den Zugriffen und Auswirkungen der Menschen zu schützen. Schlimmer noch: Gerade die geschützten Systeme, sprich die strengen Naturschutzgebiete, quittieren ihren Schutz mit unerwünschten Veränderungen, so daß doch alsbald wieder Gegenmaßnahmen, deklariert als Pflegemaßnahmen, ergriffen werden müssen, um sie weiterhin zu schützen.

Zugrunde liegt ein weiteres Mißverständnis. Mit der Fehleinschätzung von Ökosystemen als Funktionseinheiten der Natur, die so sein müß(t)en, wie sie (gewesen) sind, verbindet sich eine andere Annahme, die so nicht zutrifft. Sie berührt den Kern dieses Essays.

Es ist dies die Vorstellung von Gleichgewicht und Selbstregulation. Man müsse die Natur nur machen lassen, wie sie will, dann wird schon alles richtig werden. So etwa läßt sich diese Vorstellung zusammenfassen. Modern ausgedrückt heißt dies Prozeßschutz. Um das Für oder Wider geht es hier nicht, denn das hat mit Zielsetzungen des Naturschutzes zu tun. Was in unserem Zusammenhang interessiert, ist die Frage nach den Ursachen. Warum verbleiben geschützte, sich selbst überlassene Systeme nicht in dem Zustand, in dem sie sich befunden hatten, als sie geschützt wurden? Die meisten, müßte einschränkend hinzugefügt werden, denn bei einigen klappt es doch ganz gut. Die Ausnahmen tragen denn auch dazu bei, zu klären, warum das so ist und weshalb sich »die Natur« so selten auf einen bestimmten Zustand festlegen läßt; einen Zustand, den wir wollen.

Das Problem hängt mit dem falsch verwendeten Ökosystembegriff und der damit verbundenen Vorstellung vom Gleichgewicht im Naturhaushalt zusammen. Als Forschungsmethode ist der Ökosystembegriff völlig in Ordnung. Die Untersuchungen, die nach diesem Konzept angestellt werden, liefern Ergebnisse, die den Zustand und die Leistungen des konkreten Systems zeigen. Sie besagen nicht, daß das auf Dauer so sein wird oder gar so sein muß, weil das System dies so festlegt. Aus dem So-Sein kann kein Sollen abgeleitet werden. Es fehlt eben die zentrale Funktionssteuerung, die Soll-Werte festlegt. Oder sie war vorhanden, aber weil »traditionell« nicht besonders auffällig. Nun fehlt sie, dank der Unterschutzstellung, und steuert damit auch nicht mehr den Entwicklungen entgegen, die abzulaufen beginnen. Der mit den Methoden der Ökosystemforschung ermittelte Zustand ist also keine Zielvorgabe der Natur, sondern einer von zahlreichen möglichen Zuständen, die das System einnehmen und durchlaufen kann, weil es kein abgegrenztes, sondern ein offenes System ist. Diese Offenheit war übersehen worden. Das »Haus der Natur« hat keine abgegrenzten Zimmer. Es gibt nicht einmal Wände, ein Dach oder festgelegte Ein- und Ausgänge. Es ist im umfassenden Sinne offen. Erst wenn irgend etwas abgegrenzt wird, kann eine Steuerung einsetzen. In der freien, offenen Natur entsteht dennoch kein heilloses Durcheinander, weil es keine zentrale Regelung gibt. Die lebendigen Bestandteile, die Pflanzen, Tiere und Mikroben, leben einfach so, wie sie müssen, weil es ihren Anlagen und Möglichkeiten entspricht. Im weitesten Sinne egoistisch nutzen sie das Verfügbare, so schnell und so gut sie das können. Produktion, Verbrauch und Abbau laufen mehr oder minder gleichzeitig, neben- und miteinander ab. Schiebt das Klima der Region einen Keil dazwischen, treten Ruhezeiten oder Phasen stark eingeschränkter Aktivitäten auf. Wir nennen sie Winter oder, in den Wärmegebieten, Trockenzeiten. Dann können sich sichtbare Überschüsse anhäufen, weil die Produktion in einer Saison mehr liefert, als wieder abgebaut wird. Findet dies in Wiesen- und Steppenböden statt, bildet sich Humus, den wir gutheißen, weil er die Bodenfruchtbarkeit erhält und fördert. Bildet sich in Gewässern der dem Humus des Bodens entsprechende Faulschlamm, betrachten wir ihn als Belastung und versuchen, wenn es geht, die Einträge zu vermindern. Notorisch tun wir uns schwer mit den Überschüssen. Meistens werten wir sie als Abfall, der mit gutem Recycling verwertet, am besten ganz vermieden werden sollte. Welches Vorbild haben wir dazu in der Natur? Ein ganz besonderes in der Tat!

Der tropische Regenwald

Das Eis von Arktis und Antarktis, himmelhohe Bergriesen oder die Einsamkeit nordischer Wälder und Tundren halten wir ganz zu Recht für die Zonen letzter Wildnisse, die von Menschen noch nicht allzusehr beeinträchtigt worden sind. Doch sie entsprechen nicht den Vorstellungen einer paradiesischen Natur, die bereitwillig von ihrer Fülle gibt und vielen Lebewesen Heimstatt bietet. Die Fülle der Lebensformen finden wir nicht in den polaren Einöden oder in den menschenleeren Wüsten, sondern in den Wäldern der Tropen. Dort, im tropischen Regenwald, der sich im äquatorialen Bereich überall entwickelt hat, wo es Land gibt, erreicht die Lebensvielfalt ihre Maxima. Viele Millionen verschiedener Arten von Tieren soll es dort geben, von denen wir kaum mehr als eine Million kennen. Auch im Meer verhält es sich so. Die größte Lebensvielfalt beherbergen darin die tropischen Korallenriffe. Wärme begünstigt das Leben, wenn es genug Wasser gibt. Doch selbst in den trockenen Hitzewüsten existieren noch weit mehr verschiedenartige Lebewesen als in den Kälteregionen, wo zumindest zeitweise reichlich Wasser zur Verfügung steht. Warum ist das so – und warum macht der Mensch eine auffällige Ausnahme? Leben doch die weitaus meisten Menschen in den gemäßigten Klimazonen und erheblich mehr in kalten Regionen als in tropischen Regenwäldern.

In Amazonien gab es zur Zeit des Eintreffens der Europäer und vor der großen Vernichtung der einheimischen Bevölkerung im Durchschnitt etwa einen Indio auf zwei Quadratkilometer des Regenwaldes. Diese äußerst geringe Siedlungsdichte entsprach in etwa jener der zentralen Sahara. In beiden Großräumen konzentrierten sich die Menschen aber am Wasser; in der Sahara in den Oasen, in Amazonien an den Flüssen. Wüste und Regenwald blieben weithin unbesiedelt. Daß dies im Falle der Wüste am Wasser liegt, ist klar. Woran kann es aber im Regenwald gelegen haben, wo Wasser wirklich in Hülle und Fülle zur Verfügung steht und der Wald ein geradezu angenehmes Klima erzeugt? Selten steigt die Höchsttemperatur auf 30 Grad Celsius oder darüber, und 20 Grad Wärme werden nicht unterschritten. Jahraus, jahrein herrschen ausgeglichen warme und feuchte Bedingungen. Sie sind, wie der Wald selbst mit seinem üppigen Wachstum zeigt, ideal für die Pflanzenwelt. Hätte sich der Mensch als biologische Art in gemäßigten oder kalten Klimabereichen entwickelt wie die Wölfe, von denen das erste und lange Zeit sicherlich auch wichtigste Haustier, der Haushund, abstammt, ließe sich leicht verstehen, daß die tropische Umwelt nicht so gut paßt. Aber der Mensch kommt aus den (afrikanischen) Tropen. Unser innerer Stoffwechsel läuft »tropisch«, weshalb wir außerhalb der Tropen zeitweise oder anhaltend zusätzlich Wärme erzeugen (heizen) müssen, um unsere direkte Umwelt im wesentlichen tropisch zu halten. Somit sollten wenigstens in den afrikanischen Tropen die Wälder voller Menschen sein. Doch auch dort gibt es, wie im tropischen Asien und Australasien, weit mehr Menschen außerhalb der Regenwälder, gleichwohl aber deutlich höhere Siedlungsdichte darin als in Amazonien. Ein paar Vergleichszahlen verdeutlichen die Unterschiede. In Amazonien lebten rund zwei Millionen Indios auf fast fünf Millionen Quadratkilometer Regenwald, also etwa 40 auf hundert Quadratkilometer. In der Zentralafrikanischen Republik sind es 790 Menschen pro hundert Quadratkilometer und in Indonesien 10 400; im Wüstenstaat Tschad mit gut 500 jedoch über zehnmal mehr als in Amazonien. Nur zum Vergleich: In Deutschland leben im Durchschnitt rund 23 000 Menschen pro Quadratkilometer, in den Niederlanden mehr als 37 000. Solche Zahlen weisen darauf hin, daß irgend etwas mit den tropischen Regenwäldern ungewöhnlich sein muß, wie sonst wäre es zu verstehen, daß im selben Großraum in Afrika in der Wüste nahezu so viele Menschen wie im Regenwald leben, in Südamerika aber das kalte Hochland der Anden dicht besiedelt war und Hochkulturen genährt hatte, bevor die Spanier kamen, während die Portugiesen einen riesigen Wald vorgefunden hatten, der fast menschenleer war. In der Tropenwelt Indonesiens leben über zweihundertmal so viele Menschen wie in Amazonien und immer noch über zehnmal mehr als in Zentralafrika.

Betrachten wir nun die tropischen Regenwälder als Ökosysteme, so erhalten wir die Antwort. Der amazonische Regenwald ist außerordentlich artenreich; viel diverser als der afrikanische. Je Hektar wiegt die gesamte Masse der Pflanzen des Waldes ungefähr tausend Tonnen. Den weitaus größten Teil davon nimmt natürlich das Holz ein. Die Blätter und was an Aufsitzerpflanzen (Epiphyten) auf den Bäumen wächst, macht allenfalls ein paar hundert Tonnen aus. Die Artenvielfalt der Bäume ist immens groß. Mehrere hundert verschiedene Arten von Holzpflanzen sind pro Hektar gefunden worden. Die Spitzenwerte übersteigen fünfhundert Arten. In Mitteleuropa wachsen pro Hektar meistens nur einige wenige Baumarten. Nicht einmal die artenreichen Auwälder erreichen Zahlen wie die Tropenwälder. Das Holz der meisten Tropenbäume ist schwer und sehr hart. Sie wachsen langsam. Das macht sie zu

»Edelhölzern«, von denen viele sogar den Angriffen der wirkungsvollsten Holzvernichter standhalten, den Termiten und den Pilzen. Zahlreiche Arten haben ein so schweres Holz, daß es nicht schwimmt, sondern untergeht.

Betritt man einen solchen amazonischen Wald, der sich noch weitestgehend im Naturzustand befindet, geht man regelrecht unter in der Masse von Bäumen und Grün. Von der erwarteten Vielfalt an Vögeln und Schmetterlingen, an Affen und anderem Getier bekommt man jedoch nahezu nichts zu sehen. Einzig Ameisen sind überall. Wieder mit den Methoden der Ökosystemforschung erfaßt, zeigen die Befunde, daß wir uns nicht täuschen. Tiere sind selten, extrem rar zumeist. Sie bringen zusammen kaum zweihundert Kilogramm pro Hektar auf die Waage; ein Fünftausendstel der Pflanzenmasse, nicht mehr. Selbst unter günstigen Bedingungen steigt der Anteil der Tiere nur auf ein paar Promille verglichen mit der Masse der Pflanzen an. Das ist immer noch weniger, weniger als ein Zehntel nämlich, als in mitteleuropäischen Wäldern Tiere leben. Ganz anders sieht es im Grasland aus, vor allem auf der ostafrikanischen Savanne. Dort bringt es die Vegetation zwar nur auf, verglichen mit dem tropischen Regenwald, magere 50 Tonnen pro Quadratkilometer, aber darauf weiden bis zu 20 Tonnen (Lebendgewicht) Großtiere, wie Elefanten, Büffel, Zebras, Gnus, Antilopen und Gazellen. Verhielte es sich im Regenwald auch so, müßten dort in den tausend Tonnen Waldbiomasse pro Hektar (!) Tiere in einem Gesamtgewicht von vierhundert Tonnen leben, also das Zweihundertfache des tatsächlichen Befundes. Für einen derart großen Unterschied muß es gewichtige Gründe geben. Auch diese offenbart die Behandlung des Tropenwaldes als Ökosystem.

Dem Wald steht das ganze Jahr über in festem Zwölfstundentag Sonnenenergie in Überfülle zur Verfügung. An Wasser mangelt es ebenfalls nicht, denn es regnet mehr als zweitausend Millimeter im Jahresdurchschnitt ohne größere Schwankungen und oft täglich ausgiebig. Die Böden sind bestens mit Wasser versorgt; die Bäume stehen nicht unter Trockenstreß. Sie sollten somit Höchstwerte an pflanzlicher Produktion liefern. Aber die Zuwächse pro Jahr fallen kaum so gut aus wie in einem mitteleuropäischen Buchenwald, der nicht einmal ein halbes Jahr lang wachsen kann. Die andere Hälfte fällt wegen Winter, Frühling und Herbst mit Laubaustrieb und Laubfall aus. Die Bäume wachsen auch nicht besonders schnell im tropischen Regenwald. Anders als in den außertropischen Flußauen, wo Weichhölzer oder Bäume mittlerer Holzhärte gedeihen, entwickeln die meisten Tropenbäume außerordentlich hartes Holz. Sie wachsen eher ähnlich wie die Eichen als wie schnellwüchsige Pappeln oder Weiden. Wärme und Feuchtigkeit, die ohne Unterbrechung andauern, begünstigen die Zersetzung. Was an Laub oder Ästen zu Boden fällt, wird schnell aufgearbeitet und steht den Wurzeln als Nährsalze wieder zur Verfügung. Verzögerungszeiten, wie sie Winter und Trockenperioden verursachen, beeinträchtigen das Wachstum gleichfalls nicht. Messungen in den Bächen, die den amazonischen Wald verlassen, haben ergeben, daß sie weniger gelöste Mineralien enthalten als das Regenwasser, das auf Amazonien niedergeht. Vielfach entspricht das Bachwasser destilliertem Wasser. Die Wurzeln und die mit ihnen zusammenlebenden Wurzelpilze arbeiten also äußerst wirkungsvoll. Es gibt fast keine Verluste. Fast, denn ganz verlustfrei geht es in der Natur nicht. Das Wenige, das der Wald an Nährstoffen verliert, bringt der Wind von Afrika herüber, wenn der Passat Wüstenstaub aufnimmt und über den Atlantik trägt. Die Regen waschen diese Stäube aus und düngen damit aus der Luft den amazonischen Regenwald immer wieder ein klein wenig nach. Das gleicht die Verluste aus. Die Aufsitzerpflanzen zeigen diese Nährstoffzufuhr aus der Luft mit ihrem Vorkommen und ihrer Häufigkeit ganz deutlich an. Wo der Niederschlag viel Kalium, Phosphate und andere Mineralstoffe mitbringt, sind die Bäume voll von Bromelien, Orchideen und Farnen, deren Wurzeln keinen Kontakt zum Boden haben. Als Aufsitzerpflanzen müssen sie ihren gesamten Bedarf »aus der Luft« decken: Kohlendioxid, Wasser und eben auch die Mineralstoffe, die zum Wachsen und Blühen sowie zur Samenbildung notwendig sind. Das dicht geschlossene Kronendach des amazonischen Urwaldes nimmt die Niederschläge wie ein Schwamm auf und entnimmt ihnen dabei die so raren Mineralstoffe. Denn die Böden, auf denen der Wald wächst, sind seit Urzeiten ausgelaugt und fast frei von Mineralien für das Pflanzenwachstum. Tropenböden sind überwiegend karg; in den feuchten Tropen mit einem Übermaß an Niederschlägen verlieren sie die Nährstoffe bis in Tiefen, die auch die Wurzeln der größten Bäume nicht mehr erreichen können.

Das Ergebnis läßt sich in einen überraschenden Befund zusammenfassen, der dem Augenschein widerspricht. Der amazonische Wald ist ein weitestgehend geschlossenes Ökosystem mit nahezu perfektem Recycling von Nährstoffen. Er hat Licht und Wasser in Fülle und stets günstige Wärme für das Wachstum, aber er produziert keine Überschüsse. Einmal ausgewachsen, nimmt seine Masse nicht mehr zu. Sie wird nur immer und immer wieder umgesetzt, recycelt eben. In der Bilanz setzt er auch keinen Sauerstoff frei, weil genausoviel für die Zersetzungsvorgänge wieder verbraucht wird, wie bei der Photosynthese entsteht. Ein Wald, der nicht mehr wächst, ist kein Sauerstofflieferant. Das gilt für alle Wälder, die ausgewachsen sind und das Gleichgewicht erreicht haben. Sie erhalten sich über raschen Umsatz ohne Überschuß. Daher ist für die Tiere auch kaum etwas aus solchen Wäldern zu holen. Pflanzen und Pilze sowie die Bodenbakterien machen den allergrößten Teil des Kreislaufes allein. Tiere sind so selten, daß sie kaum wirken. Die Hauptbedeutung zahlreicher Tierarten liegt in anderen Bereichen, die nicht direkt mit Stoffkreisläufen und Energieumsätzen erfaßt werden können. Sie bestäuben Blüten von Bäumen, deren Artgenossen weit entfernt und nicht gleich nebenan wachsen. Sie verteilen Samen und Früchte und transportieren sie an Stellen, die von den im Wald nur schwach wirksamen Winden nicht erreicht werden können und die fern vom Wasser liegen. Die Vielfalt des tierischen Lebens spiegelt die Artenvielfalt der Bäume. Je weniger Artgleiche in der Nähe sind, um so bedeutender werden die Helfer, die sich selbst an andere Orte bewegen können. Die geringe Menge an Tieren bedeutet jedoch auch, daß die allermeisten Arten selten bis sehr selten sind. Nur zwei Tiergruppen sind wirklich häufig. Zusammen stellen sie oft mehr als die Hälfte der gesamten tierischen Biomasse. Es sind dies die Ameisen und die Termiten. Ihrer Lebensweise nach gehören sie mehr zu den Zersetzern als zu den Nutzern im üblichen Sinne. Und wenn sie, wie die Blattschneiderameisen, direkt Pflanzenstücke »ernten«, handelt es sich um einen ganz besonderen Vorgang. Sie tragen die herausgeschnittenen Stücke von Blättern und Blüten in ihre weitläufigen unterirdischen Nestanlagen. In den meisten Kammern züchten sie Pilze, und diese füttern die Ameisen mit dem zerkauten Pflanzenbrei. Erst die Fruchtkörper dieser Pilze können sie sodann als Nahrung verwerten.

Dieser merkwürdige Umweg klärt die zweite Besonderheit des tropischen Regenwaldes. Die meisten Pflanzen, fast alle in den zentralamazonischen Wäldern, sind giftig, oder zumindest schmecken sie so schlecht, daß aus unserer Sicht normale Pflanzenverwerter, wie Rinder oder Hirsche, sie nicht verzehren können. Geläufig ist uns, daß die südamerikanischen Indios, Urbevölkerungen der indonesischen Inselwelt und auch Regenwaldbewohner Zentralafrikas, wie die Pygmäen, mit Giftpfeilen jagen. Die Gifte stammen aus Lianen und anderen Urwaldpflanzen. Aus den inneramazonischen Wäldern gelangte die chininhaltige Chinarinde als Malariamittel in die anderen Tropenregionen. Der Naturkautschuk wächst dort und vieles andere mehr an Pflanzen mit besonderen Inhaltsstoffen. Auch sie verdanken ihre Entstehung demselben Grundprinzip von Stoffkreislauf und Energiefluß im tropischen Regenwald-Ökosystem. Die Sonneneinstrahlung ist stark, sehr stark. Die Bäume und die anderen, der direkten Strahlung ausgesetzten Pflanzen müssen sehr viel Wasser verdunsten, um die Blätter zu kühlen. Sonst würden sie unter der Äquatorsonne verbrennen. Trotzdem sind die Blätter nicht zart und saftig, sondern derb und fest. So stark ist die Wirkung der Strahlung, daß selbst im Regenwald Blattformen entwickelt werden mußten wie in Trockengebieten. Doch auch der chemische Apparat der Photosynthese ist davon betroffen. Das Überangebot an Strahlungsenergie bedeutet, daß die Synthese laufen muß, aber die mineralischen Nährstoffe sind sehr knapp. Ein wesentlicher Teil der überschüssigen Energie geht daher in den Aufbau komplexer (hochmolekularer) Substanzen, deren Herstellung viel Energie kostet. Die dicken, zähelastischen Milchsaftformen gehören dazu; auch andere Verbindungen, wie Phenole und Substanzen, die das Holz härten und gerben. In diesem Bereich erzeugen die Pflanzen tatsächlich Überschüsse. Wir kennen sie aus mageren, trockenen Kiefernwäldern, wenn das Harz tropft. Auch dieses ist so eine Substanz, deren Herstellung Energie verzehrt, die nicht in das Wachstum hineingeleitet werden kann, weil die Mineralstoffe dazu fehlen.

Alles in allem bedeutet dies, daß der amazonische Regenwald nicht nur ein sehr gut geschlossenes System ist, das keine nennenswerten, für Tiere und Menschen direkt nutzbaren Überschüsse erzeugt, sondern daß der Mangel an den lebenswichtigen Mineralstoffen die zentrale Größe darstellt, die dort als Minimumfaktor im Sinne von Justus von Liebig wirksam wird. Deshalb eigneten sich solche Regenwälder nicht für die Erschließung durch die Menschen. Die amazonischen Indios lebten weitestgehend von dem, was die Flüsse hergaben oder was flußnah zu erbeuten war, weil sich die Tiere dort einfinden. Oben in den Anden hingegen gibt es die Nährstoffe für die Pflanzenproduktion. Die Kälte der Hochlagen wirkte weniger beschränkend als der Mangel an Mineralstoffen im warmen Tiefland. Der Mangel erklärt nun auch die immense Artenvielfalt. Sie ist mit Seltenheit verbunden. Die meisten Arten sind so selten, daß es zu keinem Übergewicht einzelner kommt, die all die anderen verdrängen würden. Mangel ist überall auf der Erde mit Artenvielfalt verbunden. Überfluß mindert die Vielfalt drastisch, weil er einige wenige Arten begünstigt. Entsprechend hat der Mangel an Wasser in der Sahara die Siedlungsdichte der Menschen niedrig und auf die Oasen beschränkt gehalten.

Vergleichende Untersuchungen zu den ökologischen Verhältnissen im tropischen Zentralafrika und in der südostasiatischen Inselwelt machen sodann verständlich, weshalb die Unterschiede in der Siedlungsdichte der Menschen so groß sind. Amazonien ist extrem verarmt an Nährstoffen (Mineralsalzen) im Boden. Der afrikanische Regenwald nimmt eine mittlere Position ein, weil von den nahen ostafrikanischen Vulkanbergen und aus der Sahara weitaus mehr Mineralien herangetragen werden als in Amazonien von den Anden herab. Die indonesische Inselwelt bestätigt das Grundmuster nun in doppelter Weise. Erstens liegt die Bevölkerungsdichte im Regenwaldbereich weitaus höher als in Afrika und Südamerika, und zweitens gibt es gewaltige Unterschiede zwischen den verschiedenen Inseln. Dünn ist die Bevölkerung überall dort auf Borneo und Teilen von Sumatra, wo die Böden mager und ausgewaschen sind und keinen Nachschub frischer Mineralien von nahen Vulkanen erhalten. Extrem hoch ist sie hingegen auf den vulkanischen Inseln, wie Java, mit so reichen Böden, daß seit Jahrtausenden Reis angebaut werden kann, ohne daß sich Mangelerscheinungen größeren Ausmaßes gezeigt haben. Seit vielen Jahrtausenden gibt es auf den südostasiatischen Inseln eine dichte menschliche Bevölkerung, während Amazonien weitgehend »jungfräulich« bis in die jüngste Vergangenheit geblieben ist. Seit dort nun große Waldflächen gerodet und zu Viehweiden oder zum Anbau von Soja umgestaltet werden, zeigt sich, wie ausgemagert die Böden tatsächlich sind. Das Vieh braucht Flächen, die ein Vielfaches pro Rind verglichen mit europäischem Weidevieh ausmachen, um einigermaßen leben und gedeihen zu können. Auch mit modernem Management ist es nicht möglich, die 20 Tonnen Großvieh pro Quadratkilometer wie in der ostafrikanischen (auf vulkanischen Böden ausgebreiteten) Serengeti zu erreichen. Da nahezu kein Humus vorhanden ist, lassen sich Nährstoffe auch nicht auf Vorrat geben. Die Indios hatten gute Gründe, die amazonischen Wälder weitgehend zu meiden und sich selbst zu überlassen.

Die Betrachtung solcher Wälder als Ökosystem hat also sehr wohl ihre Berechtigung. Das Schwelgen in der Fülle der Arten, auch wenn diese wegen ihrer Seltenheit schwer zu erreichen sind, vermittelt einen ganz unzutreffenden Eindruck von der Nutzbarkeit solcher Tropenwälder. Das gilt ganz allgemein. Auch bei uns in Mitteleuropa sind die mageren Flächen die besonders artenreichen, wie Kalkmagerrasen, Heiden und Triften. Sonne und Mineralstoffe gäbe es reichlich, aber Wasser ist rar genug, um die Seltenheit der meisten Arten garantieren zu können. Der Mangel ermöglicht die Vielfalt. Wollen wir nutzbare Überschüsse, müssen wir ihn beheben und zu einem Überschußpotential anheben. Das hat der Mensch in der Geschichte des Ackerbaus getan. Daß wir gegenwärtig die Landwirtschaft auf eine bislang nicht dagewesene Produktionsstufe angehoben haben, liegt am Aufbau von Ungleichgewichten.

Vom Äquator zum Pol

Sind die Regenwälder der Tropen nun ein Sonderfall, oder repräsentieren sie ein globales Grundprinzip? Der eine Hauptfaktor, die Verfügbarkeit von Pflanzennährstoffen, hat sich als Schlüsselfaktor herausgestellt, weil es zwei von den drei anderen, Wasser und Lichtenergie, im Überfluß gibt und der dritte Faktor, das Kohlendioxid, global ziemlich gleich verteilt in der Luft vorhanden ist. Die unterschiedliche Produktivität der feuchten Tropen liegt also an den Mineralstoffen. Sie bedingen wiederum die Möglichkeiten der Nutzung durch die Menschen und ihre so extrem unterschiedliche Siedlungsdichte. Die Bevölkerungsdichte steigt in Südamerika wie auch in Afrika stark an, wenn man sich von den äquatorialen Wäldern in die wechselfeuchten Bereiche mit ausgeprägten Regen- und Trockenzeiten begibt, um dann in den nördlichen wie südlichen Wüstengürteln wieder stark abzunehmen. Eine weithin beständig hohe

Siedlungsdichte der Menschen ist, wie gesagt, für die gemäßigten Breiten zu verzeichnen. In den kalten Regionen mit kurzer Wachstumszeit im Sommer nimmt sie wieder ab, und am Eisrand des Nordpolargebietes entspricht sie wiederum in etwa Wüstenverhältnissen. Die einzige bedeutende Ausnahme stellt der mit einer Milliarde Menschen besiedelte Indische Subkontinent dar. Er befindet sich in randtropischer bis subtropischer Lage, hat aber mit mehr als 30 000 Menschen pro hundert Quadratkilometer eine sehr hohe Bevölkerungsdichte. In manchen Bundesstaaten, so im Nordosten an den Ausläufern des Himalajas, steigt sie über 100 000 an. Diese Ausnahme ist gut begründet mit einem ausgeprägten Monsunklima, das jahreszeitlich stark unterschiedliche Niederschläge bringt, und mit starker Nährstoffversorgung von den hohen Bergen her. Die aus dem Himalaja kommenden Flußläufe werden dadurch zu dauerhaft hochproduktiven Flußoasen.

In den Wüsten, zumal in den Hitzewüsten, mangelt es an Wasser. Nährstoffe gibt es vielfach so reichlich im Sand, daß bei künstlicher Bewässerung die Gefahr der Bodenversalzung entsteht. Polnahe Breitenlage bedeutet geringe Wärme, schwächere Lichtenergie für die Photosynthese und lange Zeiten mit gefrorenem Boden. Verbleiben somit die mittleren, die klimatisch gemäßigten Breiten. Ihrer Lage auf dem Globus gemäß, erhalten sie im Sommer reichlich Einstrahlung von hochstehender Sonne an langen Tagen, die erheblich über die zwölf Stunden des Tropentages hinausgehen. Die natürliche Pflanzenproduktion bekommt nach der Winterruhe einen regelrechten Impuls im Frühjahr mit dem Laubaustrieb der Bäume und raschem Wuchs von jungen oder neuen Bodenpflanzen. Die Niederschläge fallen zumeist reichlich genug für günstiges Wachstum aus, denn klimatisch handelt es sich um Sommerregengebiete. Dem günstigen Zusammentreffen von Wasser und Wärme (Sonnenenergie) gesellen sich nun weithin sehr mineralstoffreiche Böden hinzu, die intensive Nutzung ermöglichen, mitunter auch langfristig vertragen. Sie verlieren zwar einen Teil ihrer wasserlöslichen Mineralstoffe unaufhörlich ins Grundwasser, aber die Vorräte sind, verglichen mit den Tropenböden, sehr groß, und die Nachverwitterung kann immer wieder neue Mineralien freisetzen.

Aus diesen Gründen liegen die »Kornkammern« der Menschheit in den mittleren Breiten und nicht in den inneren Tropen, wo Licht, Wärme und Wasser überreich vorhanden sind. Daß es auch hier, in den gemäßigten Breiten, ausgeprägte Unterschiede in der Bodenfruchtbarkeit gibt, ändert nichts an der grundsätzlichen Verteilung in globaler Hinsicht. Und wenn zudem noch in großem Umfang Ressourcen aus dem Meer geholt werden können, konzentriert sich die Menschheit in diesen Bereichen zu höchster Siedlungsdichte. Hinzu kommt, daß die Böden mittlerer Breiten, insbesondere auf der Nordhalbkugel, wo sich auch die großen Landmassen ausbreiten, im Vergleich zu den Tropen recht jung sind. Sie entstanden durch die Wirkungen der Eiszeit, deren letzte vor nur rund 10 000 Jahren zu Ende ging. Die Bezeichnung »jung« ist hier wirklich gerechtfertigt, weil die Tropenböden mehrhundert- bis tausendmal älter sind und dementsprechend auch ungleich stärker verwitterten und ausgelaugt wurden als die nacheiszeitlichen neuen Böden. Die Kaltzeiten im Eiszeitalter mit ihren Eismassen und dem Dauerfrost im Boden hatten zudem verhindert, daß Pflanzennährstoffe ins Grundwasser ausgewaschen und über die Flüsse aus der Landschaft abtransportiert worden sind. Diese Naturgegebenheit ist auch der Grund dafür, daß sogar noch die baumlose arktische Tundra unter dem Polarkreis oder sogar jenseits davon in den wenigen Wochen im Sommer, in denen sie auftaut, so produktiv ist, daß Millionen von Zugvögeln über Tausende von Kilometern dorthin ziehen, um zu brüten und ihre Jungen großzuziehen. Wenn hingegen manche Arten unserer Zugvögel, die im Sommer hier gebrütet haben, zum Überwintern in die Tropenwälder wandern, versuchen sie dort nur selbst zu überleben. Brüten und Nachwuchs erzeugen können sie nicht.

Das globale Muster der Produktivität entspricht daher sehr wohl dem Verhältnis der drei Hauptfaktoren zueinander. Durchbrochen wird es lediglich von besonderen Verhältnissen, wie junge vulkanische Böden oder thermische Energie aus der Erde in kalten Regionen. Flußoasen bieten günstige Möglichkeiten in Gebieten mit Wassermangel. Seit Jahrtausenden werden sie in Afrika (Nil), Asien (Indus, die großen Ströme Chinas) und Amerika (Nasca-Kultur in Peru zum Beispiel) intensiv genutzt. Vulkanhänge und -inseln behalten ihre Attraktivität der exzellenten Böden wegen trotz der Gefahr, die mit ihnen verbunden ist. Dort zu siedeln war und ist riskant, aber eben weitaus einträglicher als auf sicherem, jedoch ausgemagertem Grund. So finden wir auch in der globalen Nutzung der Landschaften einen höchst bedeutsamen Zusammenhang: Je instabiler, desto attraktiver und einträglicher. Wo langfristig, über Jahrhunderte und Jahrtausende hinweg, Stabilität herrscht, tut sich der Mensch schwer. Und nicht nur die Menschen, sondern auch die Tiere. Ihre Häufigkeit geht zurück, wenn Mangel eintritt, aber ihre Artenvielfalt nimmt dabei zu.

Noch deutlicher wird die Abhängigkeit von den Pflanzennährstoffen im Meer. Dort dehnen sich wüstenhafte Verhältnisse über noch ungleich größere Flächen aus als auf den Kontinenten. Blau ist die Wüstenfarbe des Meeres. Nur dort, wo es

»grün« erscheint, gibt es höhere oder hohe Produktivität. Es sind dies nicht die tropischen und subtropischen Ozeane, sondern die kalten Grenzregionen um die Antarktis, an der Arktis und an den Westseiten der Kontinente, wo kaltes Auftriebswasser aus der Tiefe Nährstoffe an die Oberfläche bringt. Dort können mikroskopisch kleine Algen oder große Tange die pflanzliche Primärproduktion so hoch treiben, daß es reichlich Fische in großer Zahl gibt. Wo Fische in Massen vorkommen, handelt es sich um wenige Arten; um die Heringe in der Nordsee und den angrenzenden Teilen des Atlantiks zum Beispiel oder um die kleineren, heringsähnlichen Anchovetas vor der peruanischen Küste im Auftriebsgebiet der als Humboldt-Strom bezeichneten Meeresströmung. In der großen und bunten Vielfalt der Korallenriffe gibt es hingegen kaum Fische, die in nennenswerten Mengen genutzt werden könnten. Die Nutzungsraten der Lokalbevölkerung auf den Inseln und Atollen müssen gering bleiben, um die Bestände nicht zu gefährden. Paradiesisch weiße Strände drücken größten Mangel im angrenzenden Meer aus und nicht etwa luxuriöse Verhältnisse, wie sie für die Touristen künstlich geschaffen werden.

Lange bevor Menschen anfingen, zum Fischen auf die Hochsee hinauszufahren, hatten Meeressäugetiere bereits auf ihre Weise dieser Verteilung und Häufigkeit der lebendigen Ressourcen im Meer Rechnung getragen. Die großen Wale ziehen in die antarktischen und arktischen Kaltgewässer zur Nahrungsaufnahme. Ihre Jungen bringen sie jedoch vornehmlich im warmen Wasser subtropischer und tropischer Meeresgebiete zur Welt. Delphine vagabundieren in riesigen Räumen umher und folgen den Fischschwärmen, wie Nomaden an Land mit ihren Herden dem neuen Graswuchs nachwandern. Seelöwen, Seehunde und andere Robben, die Küsten brauchen, finden sich an den kalten, weil nahrungsreichen Stränden ein. Ihre Bestände erreichen insgesamt ein erheblich größeres Lebendgewicht als die größten Tierherden an Land. Die hohen Vermehrungsraten der mikroskopisch kleinen Algen im Meer ermöglichen dies, weil sie viel schneller wachsen als Gräser an Land oder gar die Bäume. Wo immer es aber Massenentwicklungen gibt, da kommen auch sehr starke Schwankungen zustande. Auf gute Zeiten können rasch sehr schlechte folgen. Die hochproduktiven Zonen sind instabil. Erstrebenswert bleiben sie trotzdem, weil es stets die Fülle ist, die anzieht, und nicht der Mangel, auch wenn dieser um so vielgestaltigere Formen begünstigt. Daß es die Vielfalt an Arten überhaupt gibt, hängt wahrscheinlich mit der Bewältigung des Mangels zusammen. Wo Ressourcen knapp sind, überleben die Spezialisten besser, die mit dem wenigen auskommen können, das es gibt. Die Stabilität solcher Systeme wäre demnach nur der Eindruck, der entsteht, wenn sich wenig ändert, weil sich nicht mehr ändern kann. Wo es hingegen viel zu holen gibt, wird sich auch viel ändern.

Erneut drängen sich Ähnlichkeiten auf, die uns aus unserer eigenen Wirtschaft vertraut sind. Großes Kapital verflüchtigt sich unter Umständen sehr schnell, aber aus fast nichts ist auch kaum etwas aufzubauen – außer eine neue Möglichkeit wird »entdeckt«. Dann kann es ungemein rasch aufwärtsgehen. Innovationen, wie die Computertechnologie und ihre Software-Programme, eröffnen Gewinne geradezu astronomischer Dimensionen. Bill Gates wurde mit seinem praktisch aus dem Nichts geschaffenen Microsoft-Imperium zum reichsten Mann der Welt. Aber die Konkurrenz zieht nach. Sie relativiert Aufstieg und Gewinne. So menschenspezifisch ist das gar nicht, wenn wir einige bedeutende Gewinnstrategien in der Natur unter diesen Aspekten betrachten.

Anhäufung von Überschüssen

Alle Lebewesen produzieren in gewisser Weise. Viele erzeugen Nachwuchs in riesigen Mengen, bleiben dabei selbst aber winzig klein. Das Bakterienwachstum durch Zweiteilung (Verdopplung) produziert in kurzer Zeit so viel, daß die Mengen für andere Organismen bedrohlich werden oder die Abfallstoffe, die dabei freiwerden, die Umwelt massiv verändern. Gärungskeime setzen Kohlendioxid frei, bilden Wein, Bier, Essig, Joghurt oder Sauerkraut, je nach Typ und Ausgangsmaterial. Es kann auch Methan freiwerden oder Sauerstoff, wenn es sich um Blaugrünalgen (Cyanobakterien) handelt. Oder es kommt einfach zu geradezu verschwenderisch erscheinender Selbstvermehrung, wie bei vielen Parasiten. Diese Form, Überschüsse zu erzeugen, kannte bereits Darwin so gut, daß er darin das Rohmaterial für die natürliche Selektion erkannte.

Es geht aber auch anders, ganz anders. Wenn ein Baum heranwächst, dauert es lange, bis die Bildung von Samen und Früchten einsetzt. Auch danach wachsen die allermeisten Bäume weiter, bis sie ihre Höhen- oder Größengrenzen erreichen. Für die Fortpflanzung wäre so ein Wachstum nicht nur unnötig, sondern sogar hinderlich, weil all das, was an Stoffen für das Wachstum eingesetzt wird, und die Energien, die es kostet, der Samenbildung nicht mehr zur Verfügung stehen. Dennoch wachsen die Bäume und bilden Wälder; große, dichte Wälder. Seit Urzeiten! Aber was ist so ein Baum eigentlich? Im wesentlichen eine Ansammlung von totem Holz, das von einer ganz dünnen, kaum millimeterdicken lebendigen Hülle umgeben ist, die gleichfalls von toter Borke bedeckt wird. Trüge der Baum keine Blätter oder Nadeln, würde diese seine eigentliche Natur deutlicher werden. So aber betrachten wir den Baum als

Ganzes, obgleich das Gebilde zum allergrößten Teil gar nicht lebt, sondern aus abgeschiedenem Holz besteht. Die Blätter oder Nadeln erzeugen mit ihrer Photosynthese einen so großen Überschuß, daß dieser in einer Saison nicht wieder weitgehend abgebaut und recycelt wird, sondern für viele Jahre als totes Holz festgelegt bleibt. Manche Bäume überdauern auf diese Weise viele Jahrhunderte.

Tropenwälder wie auch manche Wälder anderer Klimazonen erzielen ihre große »Biomasse« also eigentlich mit »toter Masse«. Der Unterschied zwischen tropischen Regenwäldern mit tausend Tonnen und mehr pro Hektar oder solchen mit ein paar hundert Tonnen in unseren Wäldern liegt damit nicht im lebendigen Teil, sondern in Ausmaß und Dauer der Anhäufung toter Ablagerungsstoffe. Der Ablagerungsstoff Holz ist nur ungleich kompakter als die uns bekanntere Form toter organischer Materialien im Humus der Böden. Dieser ist zwar mit einer Fülle von Leben durchsetzt, das von kleinsten Mikroben bis zu den Regenwürmern und den Wurzeln der Pflanzen reicht, aber dennoch nicht einfach als Ganzes lebendig.

Im Torf der Hochmoore sehen wir den Zusammenhang noch ganz direkt an der Zusammensetzung. Die Torfmoose sind abgestorben, aber nicht oder nur ein wenig zersetzt. Schicht um Schicht häufen sie sich an, »wachsen« damit empor, wölben sich auf und werden so zum ›Hoch‹-Moor, weil die Überproduktion der Torfmoose unter den sauren Bedingungen im Torf nicht weiter zersetzt werden kann. Viele Meter mächtig werden solche Hochmoore in wenigen Jahrtausenden. In viel früheren Zeiten der Erdgeschichte geschah dies in den ausgedehnten Wäldern des Karbonzeitalters. Aus ihrer Überproduktion entstanden die Steinkohlelager und wesentliche Anteile der Erdölvorkommen. Von den Rändern vieler Seen aus rückt eine sogenannte biogene Verlandung wasserwärts vor, weil die wachsenden und wuchernden Uferpflanzen nicht im selben Ausmaß wieder abgebaut werden, in dem sie heranwachsen. So schiebt sich das Ufer immer weiter in den See vor, bis dieser schließlich mit der Zeit verlandet, also zu Land wird. Seen »altern«, sagt man, und das geschieht ziemlich schnell. Die meisten der mittel- und nordeuropäischen Seen sind erst am Ende der letzten Eiszeit entstanden. Gegenwärtig finden wir sie in allen Stadien der Verlandung vor. Wo größere Flüsse mit Geschiebe und Schwemmgut mitwirken, geschieht das schnell. Das Rosenheimer Becken am Inn ist so ein am Alpennordrand völlig zu Land gewordener ehemaliger Eiszeitsee, den schon seit Jahrtausenden der Inn nur noch durchströmt.

Ganz ähnliches geschieht im Meer. Organismen, die zum Tierreich gerechnet werden müssen, wie die Korallentiere und die Kalkschwämme, bauen in winzigen, aber anhaltenden Ablagerungen von Kalk mit der Zeit riesige Riffe auf. Die Absonderungen entstammen der Überschußproduktion ihrer Körperchen. Schlußendlich verdanken wir das Vorhandensein von Sauerstoff einer solchen Überproduktion. Sie nahm vor mehreren Milliarden Jahren ihren Ursprung in den schon genannten, nach wie vor als Lebewesen existierenden Blaugrünalgen (Cyanobakterien), die so lange so erfolgreich Photosynthese betrieben haben, daß die Erdoberfläche gleichsam »verrostete«. Der von ihnen freigesetzte Sauerstoff reagierte mit allem, was »verbrennen« (oxidiert werden) kann; mit Kalzium zu Kalk, mit Eisen zu Eisenoxid (Rost) und so weiter, bis sich die unablässig strömenden Mengen in der Atmosphäre ansammelten und den gegenwärtig rund 21 Prozent ausmachenden Anteil an freiem Sauerstoff bildeten. In der großen Zeit der Freisetzung von Sauerstoff lag der Anteil sogar über 30 Prozent.

Wir können in diesen höchst bedeutsamen, weil das ganze Leben auf der Erde grundsätzlich charakterisierenden Vorgängen zwei Richtungen erkennen. Die eine, die alte und ursprüngliche geht von der schnellstmöglichen Vermehrung aus. Die Organismen selbst bleiben (winzig) klein, und es sind die Produkte ihres Stoffwechsels, die sich anhäufen und die zu neuen Ressourcen mit der Zeit werden. Die andere sammelt gleichsam Kapital an. Ihr Anwachsen ist mit starker Größenzunahme verbunden. Die Ressourcen, die Bäume in ihren Stämmen ansammeln, sind den anderen, den Konkurrenten, weggenommen. Man kann diese Verfahrensweise auch »Monopolisierung« nennen. Bäume, die schneller als ihre Nachbarn wachsen, übergipfeln diese und unterdrücken sie. Von Zehntausenden, die als Sämlinge angefangen haben, bleibt vielleicht einer übrig. Die anderen sind durch die zunehmende Konkurrenzkraft dieses einen Baumes erdrückt und verdrängt worden. Der »Gewinn« liegt in der Langlebigkeit und in der damit verbundenen Dauerhaftigkeit. Der Nachteil, am Ort festgesetzt zu sein, muß dadurch ausgeglichen und überkompensiert werden, ansonsten würde sich diese Lebensweise nicht lohnen und keinen Bestand auf Dauer haben können. Je nach Art der örtlichen Lebensbedingungen, ob stark fluktuierend oder länger andauernd gleichbleibend, hat die eine oder die andere Form Vor- oder Nachteile. Eine absolut überlegene »Strategie« gibt es nicht.

Die »Mitte« zwischen den Extremen, zwischen mikroskopisch kleinen Organismen und den gewaltigen Bäumen, bilden unter den Pflanzen vor allem die langlebigen Gräser. Sie wachsen in Abhängigkeit von Niederschlägen und Temperatur sehr schnell in Schüben, entwickeln dabei ihr Wurzelwerk viel stärker als die Halme und speichern den Gewinn als Humus im Boden. Da schnelles Wachstum (zu) wenig Zeit zur Ausbildung komplexer Stoffe bietet, die giftig wirken könnten, bleiben die meisten Gräser giftfrei und somit »gute Nahrung« für Pflanzenverwerter. Ihre Wachstumszentren liegen knapp unter der Bodenoberfläche und nicht außen in den Knospen wie bei den Bäumen und allen sogenannten zweikeimblättrigen Pflanzen. Die ältesten Teile des Grashalms sind daher außen an der Spitze, die jüngsten, die frischesten unten. Gräser »vertragen« daher intensive Nutzung in Form von Beweidung oder Mahd, die Bäumchen aber nicht. Sie recken sich gleichsam zu weit nach außen. Das macht sie mit ihrer dünnen, lebendigen Hülle angreif- und verwundbar. Wälder behalten somit ihrer Natur nach die Überschüsse »für sich«. Es braucht viel Zeit, bis aus menschlicher Sicht die Holznutzung rentabel wird. Bei Gräsern geht das schnell und viel besser, solange ihre Wurzeln aus den Speichern der Nährstoffe in Humus und Boden nachschöpfen können. Die beiden anderen Formen der Bildung von Überschüssen, die Erzeugung von Torf in Hochmooren und von Kalk in Korallen- oder Schwammriffen, lassen vergleichbare Nutzungen gar nicht zu, weil sie die Vernichtung der Erzeuger dieser Überschüsse bedeuten würden. Torfmoose wie Korallen werden nur in vergleichsweise sehr geringem Umfang »verzehrt«, also direkt genutzt. So konnten sich über Jahrtausende riesige Massen von Torf bzw. in Jahrmillionen Korallenkalke aufbauen.

Für die »Konsumenten«, die Tiere und die Menschen, ergeben sich hieraus ganz entscheidende Konsequenzen. Werden bedeutende, nicht bloß geringfügige Mengen von Korallenriffen »genutzt«, werden diese zerstört. Wird das Hochmoor abgetorft, dauert es Jahrtausende, bis es sich, wenn überhaupt, wieder entsprechend aufbaut. Beides sind einmalige Nutzungen nach dem Prinzip der Ausbeutung. Wird das Holz von

Wäldern genutzt, dauert der Wiederaufbau mindestens Jahrzehnte, bei »Harthölzern« Jahrhunderte. Nachhaltige Nutzung ist daher nur mit langfristiger Vorausplanung möglich. Das erkannten die Forstleute im 17. und 18. Jahrhundert und schufen mit ihrem Grundsatz der forstlichen Nachhaltigkeit die heutige Forstwirtschaft. Auch wenn sie ganze Bäume oder größere »Schläge« nutzt, bleibt sie im Rahmen des auf der Gesamtfläche zu erzielenden Zuwachses und damit in der Nachhaltigkeit. Einzig die Gräser im weiteren Sinne vertragen kurzfristige Totalnutzungen. Sie bilden damit die Lebensgrundlage für den größten Teil der Menschheit und für die größten Formen und Herden von Landtieren. Aus Gräsern schuf die Landwirtschaft die bedeutendsten Getreidepflanzungen, und Weideland ernährt den Großteil des Viehbestandes. Er übertrifft in seiner Gesamtheit alle Menschen an Gewicht um das gut Fünffache. Gräser ernähren ihn. Ihre Fähigkeit, in kürzester Zeit große Überschüsse zu erzeugen und zu behalten, macht sie auf diese Art geeignet für diese Intensivnutzung, zu der es an Land keine bessere Alternative gibt.

Im Meer sind es mikroskopisch kleine Algen, die Vergleichbares leisten. Ihnen verdanken wir reiche Fischgründe, und von ihnen hängen große Säugetiere ab, die in Millionenscharen auch heute noch existieren. Das größte Tier überhaupt, der bis zu 120 Tonnen schwere Blauwal, konnte auf der Basis von winzigen Algen, von denen Kleinkrebse, der Krill, leben, zustande kommen. Er überbrückt mit seiner gewaltigen Masse, wie viele kleinere, doch auch recht große Tiere, die Zeiten mit ungünstiger Nahrungsversorgung oder -knappheit. Manche wurden geradezu Hungerkünstler, wie die großen Landschildkröten.

Die Anhäufung und Vereinnahmung (Monopolisierung) von

Ressourcen gehört somit zu den »Grundstrategien« der Lebewesen. Der Ausdruck »Strategie« meint dabei selbstverständlich kein bewußtes, gezieltes Vorgehen wie beim strategischen Vorgehen von Menschen, sondern entwickelte Eigenschaften oder Reaktionen, die sich als überlebensförderlich erwiesen haben. Keine der natürlichen Strategien richtet sich auf Sparsamkeit im Umgang mit Überfluß. Wo wir sparsame Nutzung von Ressourcen zu erkennen meinen, handelt es sich in aller Regel um den Zwang der Not. Nutzbare Überschüsse werden verbraucht, wo immer sie entstehen, außer sie werden allzu rasch dem Zugriff der Lebewesen entzogen. Es liegt an der Natur der Torfbildung, besonders am Mangel von Sauerstoff, daß das angehäufte organische Material nicht zersetzt werden kann. Es lag an ähnlichen Bedingungen zur Steinkohlezeit, daß die Überschüsse der Karbonwälder nicht recycelt worden sind, sondern als Kohle- und Erdöllager übrigblieben. Es mag in unserer Natur liegen, alles auszubeuten, was genutzt werden kann. Ob das vernünftig ist, das ist eine andere Frage. Darüber wird man in Zukunft befinden.

Spannungen durch Jahreszeiten

Was in (sehr) langen Zeiträumen geschehen ist, findet auch Jahr für Jahr überall dort statt, wo es ausgeprägte Jahreszeiten gibt. Nur in der inneren Tropenzone beiderseits des Äquators kommt es zu keinen ausgeprägten Schwankungen und zeitlichen Rhythmen im Jahr. Doch schon die nord- wie südwärts anschließenden wechselfeuchten Tropen unterliegen dem Wechsel von Regen- und Trockenzeiten. Die Regen folgen etwas verzögert dem jeweiligen Sonnenhöchststand, dem Zenit, und werden deshalb Zenitalregen genannt. Sie treten infolge-dessen äquatornah zweimal pro Jahr auf, rücken jedoch zu den Wendekreisen hin zu einer Regenzeit zusammen. Entsprechend ausgeprägter wird die Trockenzeit. Ihre stärkste Auswirkung kommt in den beiden Wüstengürteln der Erde zustande, die im Bereich des nördlichen Wendekreises (des Krebses) ungleich größer ausfallen, weil hier die großen Landmassen der Konti-nente liegen, als am südlichen des Steinbocks. Weiter polwärts entstehen die Sommer- oder die Monsunregen. Und es gibt um so mehr Winter, je weiter entfernt von den Tropen die Flächen liegen. An die Hitzetrockenheit der Subtropen und mediterra-ner Gebiete schließt sich sodann die Wintertrockenheit der Kälte an. Sie wirkt für die Pflanzen weniger durch die Fröste als durch den Wassermangel, weil der Boden tiefgefroren ist.

Die Folgen sind allgemein bekannt: Es gibt Zeiten des Wachstums, die sogenannten Vegetationsperioden, und solche der Wachstumsruhe. Je ausgeprägter die Unterschiede zwischen Trocken- und Regenzeit oder zwischen Winter und Sommer ausfallen, desto stärker wird der neue Wachstumsschub und um so mehr Überschuß erzeugt dieser in kurzer Zeit. In der Ver-bindung mit reichlich Pflanzennährstoffen im Boden und guter Wasserversorgung ergibt sich mit diesen Wachstumsimpulsen die aus menschlicher Sicht optimale Produktion. Denn die anderen »Verbraucher« können zumeist nicht so schnell nach-folgen und in Aktion treten, wie das Wachstum vorankommt. Beim Blattaustrieb im Frühjahr explodiert das neue Grün ge-radezu, verglichen mit dem ansonsten langsamen Wachstum. Tropische Regenwälder wirken daher düster grün, weil die plötzliche Fülle neuer Blätter, wie sie für Wälder der klimatisch gemäßigten Zonen typisch ist, nirgends zustande kommt. Wo aber Pflanzen sehr schnell wachsen, werden wenig Abwehrstoffe oder Gifte gebildet. »Frisches Grün« ist daher nicht nur bei uns Menschen beliebter als alt gewordenes, sondern bei so gut wie allen Pflanzenverwertern aus dem Tierreich. Größte Fraßschäden erzeugen Schmetterlingsraupen oder Käfer in den Wäldern in weitaus überwiegendem Maße im Frühjahr und nicht im Hoch- oder Spätsommer, wenn das saisonale Wachstum im wesentlichen abgelaufen ist. In dieser Phase kommt es jedoch zum Fruchtansatz oder zur Samenbildung. Wir unterscheiden seit jeher im Jahr das Werden des Frühlings und Frühsommers von der Reifezeit und Fülle von Spätsommer und Herbst – der Erntezeit.

Die zeitliche Verschiebung wird in diesem Ablauf sogar höchst bedeutsam. Weil die hauptsächliche Produktion der Pflanzen der Phase der Nutzung vorausgeht, beeinträchtigt die nachfolgende Nutzung die Produktivität normalerweise auch nicht. Produktion und Verbrauch sind zeitlich verschoben und daher in ausreichender Weise entkoppelt. Würde der Verbrauch sofort mit voller Intensität einsetzen, bliebe die Zuwachsleistung weit hinter der möglichen Produktion zurück. Andererseits regt Nutzung durchaus auch neues, zusätzliches Wachstum an. Die Landwirtschaft kennt und nutzt diese Gegebenheit seit jeher. Den Wiesen und Weiden wird vor der Nutzung, vor den ersten Schnitten, um Heu zu gewinnen insbesondere, ausreichend Zeit gegeben. Dann steigt der Ertrag, auch wenn es mehrmals den Sommer über zu Nutzungen kommt. Man wartet auch nicht, bis irgendwann im Hoch- oder Spätsommer das Gras vollends ausgewachsen ist, um es zu schneiden und als Heu einzubringen. Das würde den Ertrag ganz erheblich schmälern. Wie zu frühe und zu starke Nutzung auch. Sie führt zu Überweidung, wenn auf den Weideflächen zu viel Vieh von Anfang an steht. Die Gehege für Zootiere zeigen diese Auswirkungen trotz bester Fütterung in aller Deutlichkeit. Auf Produktion, Verbrauch und erneuten Abbau bezogen, kommen so drei aufeinanderfolgende Ungleichgewichte zustande. Das Ergebnis der Nutzungen fällt um so größer (d. h. besser aus der Sicht des Menschen) aus, je größer die jeweiligen Höchstwerte werden können.

Folgt die Nutzung durch Tiere oder Menschen auf die pflanzliche Produktion mit zu großer Verspätung, kann sie nicht mehr optimal ausfallen. Das gilt für den Landwirt, der zu lange mit der ersten Mahd einer Wiese wartet, genauso wie für Tiere, die vom Gras leben. So eine Feststellung mag für den Landwirt selbstverständlich erscheinen, weil mit seiner Bewirtschaftung der Fluren auch anderes verbunden ist, als den optimalen Zeitpunkt für das Heuen auszuwählen. Die Wechselhaftigkeit der Witterung kommt hinzu. Aber Tiere, die von Gras leben, sollten ihre Nutzung allein schon deswegen optimieren, weil ihr Leben und Überleben direkt davon abhängt. Ihre Nutzungsstrategie sollte daher eher zu früherer Nutzung als optimal ausgerichtet sein. Viele Insekten, die von Pflanzen leben, folgen tatsächlich dieser Strategie und beginnen die Intensivnutzung so früh wie möglich. Oft kommt es deswegen zum Zusammenbruch ihrer Bestände, weil die Nahrung zu schnell erschöpft ist. Die Ökologie ordnet solche Typen von Nutzern einer bestimmten Strategiegruppe zu, die als »Ausbeuter« bezeichnet werden. Ihre hohen Gewinne von kurzzeitig maximaler Nutzung »bezahlen« sie mit häufig gewaltigen Verlusten und dem Zwang, immer wieder »auszuwandern«, weil die Existenzgrundlagen an Ort und Stelle erschöpft sind. Das andere Extrem sind Tiere, die ihre Vermehrung und ihre Nutzung der Ressourcen scheinbar an vernünftigen Grenzen orientieren und sich so anhaltende Nutzungen und hohe Beständigkeit ihrer Vorkommen ermöglichen. Der »Preis«, den sie dafür »bezahlen«, sind massive Einbußen in der Fortpflanzung. In Tierarten, die dieser Strategie der, wie wir es ausdrücken würden, nachhaltigen Nutzung folgen, bleibt ein mehr oder weniger großer Teil der Angehörigen von der Fortpflanzung ausgeschlossen. Die Vermehrungsrate wird drastisch abgesenkt. Wo es dennoch zuviel Nachwuchs gegeben hat, fällt dieser der Härte der innerartlichen Konkurrenz zum Opfer oder wird leichte Beute der Feinde. Die Ressourcennutzung gliedert sich somit in zwei einander entgegengesetzte Enden eines Spektrums von Möglichkeiten, in die freie Ausbeutung und in die soziale Unterdrückung. Die nach menschlicher Wertung mittleren, »vernünftigeren« Bereiche sind nicht besetzt. Daraus folgt der Schluß, daß sie unter Naturbedingungen auch nicht wirklich überlebensfähig sind. Sie stellen, so der Fachausdruck, keine ›evolutionär stabile Strategie‹ dar. Gemeint ist mit dieser Bezeichnung, daß ihr Auftreten, sollte es aus irgendwelchen Umständen heraus tatsächlich zu einer »moderat-vernünftigen« Nutzung und dazu passenden »gerechten« Vermehrung für alle Beteiligten kommen, nur von kurzer Dauer sein wird. Denn wer sich zu eigenen Gunsten mehr von den Ressourcen holt und stärker damit in die Vermehrung investiert, wird den anderen in der Konkurrenz in ähnlicher Weise, oft sogar ganz sicher, erheblich überlegen sein, wie solche, die soviel wie möglich für sich beanspruchen und die anderen an der Fortpflanzung hindern. Der eigene Nachwuchs hat dann um so größere Vorteile, je besser die Kondition ist, in der er aufgewachsen ist. Eine geringere Zahl von Jungen, die aber bestens ernährt sind, wird größere Überlebenschancen haben als mehr Junge in schlechterem Zustand.

Auf diese Weise bauen sich unter den Nutzern vielfältige

Spannungssysteme auf. Ihre typischen Vertreter lassen sich recht gut einem der beiden Enden des Spektrums zuordnen. Die Ausbeuter leben mit hohem Risiko aus hohen Gewinnen, die »Nachhaltigen« erkaufen sich ihre Beständigkeit mit massiven Zwängen und Einbußen an Freiheit. Doch es gibt zumindest eine bedeutungsvolle Ausweichmöglichkeit aus diesem Dilemma. Sie heißt Mobilität, und sie ist am besten bei den Zugvögeln, aber auch recht wirkungsvoll bei den erdgebunden wandernden Säugetieren (und Menschen) entwickelt. Die dabei unentbehrliche Beweglichkeit, die Mobilität, erfordert sehr hohe Einsätze an Energie, aber sie lohnt.

Zugvögel und andere Wanderer

Vögel dürfte es gar nicht geben, wenn das Prinzip vom sparsamen Umgang mit der Energie allgemeine Gültigkeit in der Natur hätte. Ihr innerer Stoffwechsel läuft auf viel zu hohen Touren. Die meisten Vogelarten, vor allem die kleinen Singvögel, halten ihre Körpertemperatur bei 42 Grad Celsius ganz knapp unter der Todesgrenze. Ihr Herz »rast« für unsere Begriffe. Die Nahrung wird oft nur recht unvollständig ausgenutzt. Die Vogelverdauung stellt im Vergleich zu vielen Säugetieren ein schnelles Durchlaufsystem dar. Kleine Vögel fliegen, wie es scheint, ganz unnötig hoch. Bis in mehrere tausend Meter Höhe steigen sie gebietsweise auf, bevor sie richtig in den Distanzflug übergehen. Wie ein modernes Düsenflugzeug! Die Höhe macht den meisten Vögeln anscheinend recht wenig oder gar nichts aus. Winzlinge, wie der europäische Zaunkönig, leben genauso munter im Gebüsch auf Meereshöhe wie im Krummholz an der Baumgrenze im Hochgebirge, in Städten wie auch in frostigen Wäldern, sofern es dort Bäche gibt, an deren Ufern sie fast wie Mäuse umherschlüpfen und auch im Winter noch Insekten finden. Ganz normale Gänse, Indische Streifengänse und nordasiatische Graugänse, überfliegen hohe Bergketten; die Streifengänse sogar den Himalaja in Höhen, wo sonst nur die Düsenjets fliegen. Die Luft wird ihnen dennoch nicht knapp. Sie schnattern im Höhenflug, als ob sie sich unterhalten würden. Vögel kreuzen über den Wellen aller Meere. Vögel leben am Eisrand, und besonders extreme, wie der Kaiserpinguin der Antarktis, begeben sich weit weg vom Eisrand in die bitterste Kälte, die es auf dem Planeten Erde gibt, um dort auf den eigenen Füßen ihr Ei zu bebrüten und die Jungen heranwachsen zu lassen. Außentemperaturen von unter minus 50 Grad Celsius, durch starke Stürme in der Wirkung auf minus 70 Grad und tiefer gesteigert, überstehen sie, weil ihr Stoffwechsel so hochtourig läuft. Genug Wärme wird dabei erzeugt. Zuviel wäre es für die kleinen Singvögel, wenn sie Wüsten, wie die Sahara, überqueren und dabei nicht in hinreichend kalten Höhen fliegen könnten. Dann würde die innere Wärmeerzeugung schnell den Wasservorrat im Körper für die notwendige Kühlung aufgebraucht haben. Sie müßten verdursten.

Das Aufsteigen in Höhen, in denen die Kälte der Luft gerade soviel Wärme dem kleinen Vogelkörper entzieht, wie dieser im anhaltenden Kraftflug als Überschuß erzeugt, löst das Dilemma. Sie steigern damit die Reichweite wie die Düsenjets, die wegen des geringeren Luftwiderstandes pro Tonne Flugbenzin entsprechend weiter kommen. Der Vergleich ist ganz und gar zutreffend. Fliegen ist teuer; energetisch gesehen sehr teuer. Aber der Gewinn an Entfernung fällt dafür um so größer aus. Der Energieaufwand zahlt sich im Streckengewinn aus. Düsenjets können über Meere und Kontinente fliegen. Vögel auch.

Sie tun dies aus höchst »wirtschaftlichen Interessen«; energie-wirtschaftlichen nämlich. Die Ziele ihrer Flüge sind Gebiete mit besonders großer Produktion an Überschüssen. Dort »ar-beiten« sie auf Hochtouren beim Brüten und Versorgen ihrer Jungen. In die angenehm warmen Winterquartiere fliegen sie, nur um dort die ungünstigen Zeiten in ihren Brutgebieten zu überdauern. Sie entsprechen mit diesem Verhalten den Walen im Meer, die zur Nahrungssuche in die polaren Kaltgewässer wandern. In wenigen Monaten gewinnen sie so viel, daß sie ein halbes Jahr und mehr ohne Nahrung auskommen. Ihre Jungen können sie, wie gesagt, in warmen Meeresteilen zur Welt brin-gen und nach Art der Säugetiere mit Milch großziehen. Auch den dafür nötigen Überschuß im mütterlichen Körper haben sie sich in den untermeerischen Weidegründen angefuttert. Vögel gebären ihre Jungen nicht. Besonderheiten ihres Innen-lebens zwingen sie, Eier zu legen und diese zu bebrüten. Fort-pflanzung und Ernährung fallen daher für die Vögel in dieselbe Zeit zusammen. Beide Grundvorgänge, die Lebenserhaltung und die Weitergabe des Lebens, können daher nicht entkoppelt werden. Vögel streben deshalb zu Gebieten, die besonders er-giebig sind. Sie dürfen »streben«, so weit sie wollen, weil sie fliegen können.

Die genauere Betrachtung der Verhältnisse bestätigt natür-lich, daß sie es »richtig« machen. Andernfalls hätten sie auch nicht mit diesem Lebensstil überleben können. Am deutlich-sten zeigen dies unsere kleinen Zugvögel. Im Frühjahr kehren sie aus den subtropischen oder tropischen Winterquartieren wieder zurück. Arten, die auf Insektennahrung angewiesen sind, zumal auf solche Insekten, die sich am Blattwerk von Wäldern und Gebüschen entwickeln, kommen später als sol-che, die selbst auch mit Sämereien zurechtkommen oder Mischköstler sind. Ihre Brutzeit richtet sich nach dem Hauptangebot an Insekten. Am reichlichsten gibt es Raupen und Kleininsekten im späten Frühling und im Frühsommer. Zu Beginn des Frühlings, wenn alles grünt und sprießt, wäre es zu früh; im Hochsommer ist es zu spät, denn auch die schnell wachsenden Jungvögel brauchen ein Mindestmaß an Zeit zur Entwicklung und um die Energievorräte in Form von Fett im Körper anzusammeln, die für den Flug ins Winterquartier benötigt werden. Die außertropischen Breiten kennen aber keine regelhaft genauen Abläufe der Witterung. Sie schwankt um so stärker, je weiter entfernt die Gebiete vom Äquator liegen. Das ist uns wohlvertraut. Kein Sommerhalbjahr gleicht wirklich genau dem anderen; Woche für Woche, Monat für Monat schwankt die Witterung und erzeugt große Unterschiede auch dann, wenn rein rechnerisch der gleiche Mittelwert herauskommt. Die Phasen »guter Witterung« lassen sich nicht kalkulieren. Wer Sonne und Wärme im Urlaub haben möchte, versucht daher, »nach Süden« auszuweichen. Die kleinen Singvögel halten davon offenbar weit weniger. Sie wählen die andere Richtung; hinauf an den Polarkreis oder darüber hinweg. Wie auch viele Wildgänse, Strandvögel und andere, die sich im Frühjahr, mitunter bis in den Frühsommer mittlerer Breiten hinein, auf den Flug in den hohen Norden machen, um dort in wenigen Wochen zu brüten. Sie gewinnen doppelt: Nahrung in Hülle und Fülle, aber auch Zeit. Denn die Tage werden um so länger, je weiter man sich nordwärts im Frühsommer begibt, während in den inneren Tropen mit zwölf Stunden Tag wie Nacht gleich kurz bleiben. Schon in mittleren Breiten bietet die Zeit der Sommersonnenwende Tageslängen von 15 Stunden und mehr. Bei den immer hungrigen Jungen zählt die Zeit, die zum Füttern zur Verfügung steht, ähnlich wie die Nahrung selbst, die benötigt wird. Eine oder zwei Stunden mehr am Tag, das kann zwei oder drei zusätzliche, erfolgreich ausfliegende Junge bedeuten. Bei vielen Kleinvögeln nimmt die Gelegegröße nach Norden hin zu bzw. nach Süden stark ab. Es lohnt im Hinblick auf den Nachwuchs, die »bequeme Wärme« zu verlassen und sich in die Unwägbarkeiten der Frühsommerwitterung außertropischer bis polarer Breiten hineinzubegeben, weil mehr Zeit in der kritischen Phase der Fortpflanzung verfügbar ist. Das Gegenstück davon sehen wir nicht, weil es sich nachts abspielt: Die insektenjagenden Fledermäuse sind in den warmen Regionen mit kürzeren Tagen und wenigstens zwölf Stunden Nacht weitaus häufiger als in den ergiebigen Sommerwäldern mittlerer Breiten. Dort ist im Sommer der Tag zu lang und die Nacht zu kurz.

Die Zugvögel nutzen jedoch nicht allein die günstigere Zeit. Die Wälder, Auen und Feuchtgebiete nördlicher Breiten sind gerade im Hinblick auf die Kleininsekten so ergiebig, daß es kaum jemals zu einer unmittelbaren Verknappung der Nahrung kommt. Unmittelbar, das heißt durch Ausbeutung, sei es durch die eigenen Artgenossen oder durch andere Arten, die auch von denselben Kleininsekten leben. Es gibt sie in Überfülle. Beschränkt wird das Nahrungsangebot indirekt durch den Verlauf der Witterung. Wird diese zu kalt und feucht, steht es schlecht um die Bruten. Aber die Überschüsse guter Jahre gleichen die Verluste durch schlechte aus. Das Risiko der Witterung und ihrer Veränderlichkeit ist ungleich geringer als der Gewinn an Leistung für den Nachwuchs. Die Zugvögel sind deshalb, über große Räume und die Zeiten hinweg gesehen, die erheblich erfolgreicheren. Sie müssen große Verluste hinnehmen, die auf dem Zug entstehen. Ihr Aufwand ist riesig, ablesbar an den Flugstrecken, die sie Jahr für Jahr zurücklegen. Ihr Erfolg spiegelt sich in den großen Populationen.

Geradeso verhält es sich mit den Seevögeln. Auch sie legen zumeist sehr große Strecken zurück, bis sie wieder – zur passenden Zeit – an ihre Brutplätze auf ozeanischen Inseln, an einsamen Stränden oder an steilen Klippen am Nord- oder Südmeer kommen. Große Albatrosse umrunden dabei auf der Südhalbkugel die ganze Erde. Küstenseeschwalben aus der Arktis fliegen zum Überwintern zum antarktischen Sommer und kehren von diesem in einer Nord-Süd- und Süd-Nord-Überquerung des Globus zurück an ihre Brutstätten. Und so fort. Der Hintergrund zum globalen Vogelzug ist der Gewinn, der zu ganz bestimmten Zeiten an fernen Orten zu holen ist, auch wenn der Aufwand dafür riesengroß erscheint.

Bei bodengebundenen Wanderern geht das nicht so leicht oder gar nicht mehr. Nur an wenigen entlegenen und vom Menschen kaum in Beschlag genommenen Gebieten sind weiträumige Wanderungen von Herden großer Säugetiere an Land noch möglich: in der arktischen Tundra von Alaska, Nordkanada und Sibirien sowie in einigen Steppen und Savannen Afrikas. Dort folgen die Wanderungen dem Rhythmus von Trocken- und Regenzeit bzw. von Winter und Sommer. Weniger auffällig sind die der Zahl nach noch viel größeren Wanderungen von Insekten. Einzelne Arten von Tagfaltern können tagsüber auf ihren Wanderflügen beobachtet werden, wie die gelbbraun-scheckigen Distelfalter, die mit roten Binden auffälligen Admiräle und auch die am Tag fliegenden, gleichwohl zu den ansonsten nachtaktiven Schwärmern gehörigen Taubenschwänzchen. Erscheinen sie so plötzlich an Blüten im Garten, werden sie nicht selten für entflogene Kolibris gehalten. Viel mehr Wanderer gibt es unter den nachts fliegenden Schmetterlingen. Und viele Arten anderer Tiere wandern gleichfalls über große Strecken. Fische in Flüssen und im Meer. In früheren Zeiten, als ihnen die Menschen noch nicht so wirkungsvoll nachstellen konnten, zogen sie auch zu Millionen flußaufwärts. In den Meeren wandern Schildkröten. Sogar Kleintierchen des als Plankton bezeichneten Lebens im Meer machen Wanderungen, die mit dem Tagesanbruch in die Tiefe und nach Einbruch der Nacht zur Oberfläche führen. So ist das Leben vielfach in ständiger Bewegung. Stets gilt die Aktivität der Suche nach mehr oder besserer Nahrung, nach »neuen« Lebensräumen oder um sich verschlechternden Bedingungen auf Zeit auszuweichen. Es ist die Beweglichkeit, die das eigentliche Wesensmerkmal der Tiere ausmacht und sie von der unbeweglichen Pflanzenwelt unterscheidet. Es ist auch unser Wesensmerkmal als Art Mensch, daß wir von der Mobilität leben. Der Mensch entstand als Läufer, wurde zum Wanderer und ist nach den Zugvögeln der beste Kolonisator entlegenster Räume. Die mehr oder minder freie Beweglichkeit zu verlieren bedeutet uns eine schwere Bestrafung, die eingesetzt wird, um Verbrechen zu ahnden. (In Käfige) eingesperrte Zugvögel werden auch bei bester Versorgung zu den entsprechenden Zeiten »zugunruhig«. Sie flattern umher, stoßen sich das Gefieder ab und schädigen sich selbst, so stark ist der innere Trieb.

Wären wir nicht selbst unserer Natur nach Nomaden, ließe sich dies als Vermenschlichung abtun. Aber das ist es nicht. Auch mit Freiheit unerfahrene Jungvögel werden zugunruhig, wenn die Zeit gekommen ist. Menschen, die eingesperrt gehalten werden, verkümmern. Erfahrungen sammeln drückt im deutschen Sprachgebrauch ganz unmittelbar aus, worum es geht. Wer an Ort und Stelle festsitzt, gewinnt sie nicht, die Erfahrungen, die zu Kenntnissen werden. Auch wenn das beim Menschen so ist, warum sollten dann die nichtmenschlichen

Lebewesen nicht mit ihrem Leben an Ort und Stelle auskommen und zufrieden sein?

Solche gibt es. Aber sie sind den Pflanzen so ähnlich geworden, daß sie eher wie solche wirken und auch in der Bezeichnung der Pflanzenwelt nahegerückt werden, die Korallen(tiere), die Blumentiere. Mit ihrer festsitzenden Lebensweise ähneln sie nicht nur den Pflanzen, sondern sie leben auch auf eine durchaus vergleichbare Weise. Die Pflanzen »sammeln« fein verteilte Mineralstoffe, Kohlendioxid und Licht; die den Pflanzen so ähnlichen Meerestiere im Grunde genommen auch. Daß sie dem Wasser hauptsächlich organische Stoffe filternd oder »einfangend« entnehmen, ändert am Lebensstil nicht allzuviel. Zudem tragen viele in ihren Körpern Mikroorganismen, die, wenn es sich um Blaugrünalgen oder andere, echte Algen handelt, auch Photosynthese betreiben. Die Grenzen zwischen Pflanze und Tier gehen so ineinander über, ohne daß sich eine klare Trennung vollziehen ließe. Was ihnen auf diese Weise nach und nach abhanden kommt, ist die Ausbildung klarer, fest umgrenzter Körper mit zentraler Funktionssteuerung. Gehirn pflegen wir die steuernde Organisation zu nennen. Je beweglicher und je freier die tierischen Körper sind, desto besser entwickelt sind auch Gehirn und Nervensystem. Und um so autonomer werden die Organismen ihrer Umwelt gegenüber. Es liegt an der grundsätzlichen Organisation des Tierkörpers und seiner zunehmenden Lösung von der Umwelt, daß sich leistungsfähige Gehirne entwickeln. Intelligenz hängt mit Beweglichkeit zusammen. Sie bedingen einander und entfernen auf diese Weise den Organismus immer weiter von seiner Umwelt. »Frei wie ein Vogel«, so pflegen wir zu sagen. Dieser Vergleich ist sehr treffend gewählt. Mit den Vögeln und den technischen Produkten des Menschen hat das Leben die bislang größte Unabhängigkeit von der nichtlebendigen Natur erreicht. Unsere Altvorderen blickten nicht ohne Grund staunend und sehnsüchtig zu den Vögeln des Himmels. Daß wir jetzt von Fluggeräten aus auf sie herabblicken können, stellt ohne Wertung von Aufwand und Nutzen, von Belastungen und Folgen, eine ganz großartige Leistung dar. Die Vögel brauchten Jahrmillionen, die Flugfähigkeit zu entwickeln. Der Mensch schaffte das scheinbar Unmögliche in weniger als einem Jahrhundert. Um einen zu hohen Preis?

»Spannungen« in der unbelebten Natur

Leben bedient sich der Ungleichgewichte. Sie sind auch da vorhanden, wo wir Gleichgewichte zu erkennen vermeinen. Auch in der nichtlebendigen Natur herrschen sie vor. Vieles, das meiste im Grunde genommen, ist uns so vertraut, daß es für selbstverständlich gehalten wird. So fließen die Flüsse und hören auf, im Fluß zu sein, wenn sie das Meer oder einen abflußlosen Binnensee erreichen. Natürlich tun sie das, weil Wolken Wasser übers Land getragen haben, abregneten oder Schneefall erzeugten. Dieses Wasser versickert im Boden, speist das Grundwasser, strömt mit ihm oder sammelt sich in Senken, nährt aber vor allem die Flüsse. Ein Kreislauf entsteht. Er führt vom Meer zum Land und wieder zurück und wieder hin und zurück und so fort. Flüsse altern daher nicht, wie Seen das tun. Das immer neu aufgebaute Gefälle erneuert sie beständig. Das fließende Wasser gestaltet und verändert die Landschaften. Nahezu die ganze feste Erdoberfläche unterliegt dieser Flußwirkung des Wassers. Fels wird zersetzt, als Ablagerungen in Becken angesammelt und über erdgeschichtliche Zeiträume erneut zu Fels verdichtet und zu Gebirgen aufgetürmt. Wir halten, über die so kurze Zeitspanne unseres eigenen Lebens betrachtet auch ganz zu Recht, diesen Wasserkreislauf für »ausgeglichen«. Er repräsentiert ein großes, höchst bedeutendes Gleichgewicht im Naturhaushalt. Doch menschliche Zeitspannen sind Sekundenbruchteile im zeitlichen Geschehen auf der Erde. Allein die Zyklen der Eiszeit in den letzten eineinhalb bis zwei Millionen Jahren weisen ganz beträchtliche Wechsel in diesem Gleichgewicht auf. Darin kam es zur Fixierung riesiger Wassermengen in den Eispanzern der Pole und der von dort ausgehenden Vereisung angrenzender Gebiete. Der Meeresspiegel sank um über hundert Meter; eine zweifellos beträchtliche Veränderung. Umgekehrt stieg im Zuge des Abschmelzens in den warmen Zwischeneiszeiten der Meeresspiegel erheblich an. In noch früheren Zeiten lag er sogar weitaus höher. Flache Meere reichten bis weit in die Kontinente hinein. »Epikontinentale Meere« werden sie in der Erdgeschichte genannt. Ihnen ist es zuzuschreiben, daß sich aus sicherlich durchaus erfolgreich lebenden Landtieren solche fischartigen Säugetiere wie die Wale und Delphine, die Robben und die Seekühe gebildet haben.

Beständig war auch die Zusammensetzung der Erdatmosphäre nicht. Anfänglich enthielt sie, wie schon ausgeführt, überhaupt keinen Sauerstoff. Allmählich stieg der Gehalt an diesem für uns und die ganze Tier- und Pflanzenwelt so unentbehrlichen Gas auf Werte an, die erheblich über den gegenwärtigen 21 Prozent gelegen haben. Entscheidend ist jedoch das Verhältnis des Sauerstoffs zum Kohlendioxid. Dieses ist mit rund 0,3 Promille im Minimum; ein paar weitere Prozent Sauerstoff mehr spielen demgegenüber nur eine nachrangige Rolle. In diesem so ausgeprägten Spannungsverhältnis von 209 Promille

Sauerstoff zu 0,3 Promille Kohlendioxid läuft der bei weitem größte Teil allen Lebens auf der Erde ab. Dieses Ungleichgewicht hält die »tragende Spannung« aufrecht.

Selbst die uns so fest und sicher erscheinende Erdkruste unterliegt massivsten Spannungen. Entladen sie sich ein klein wenig, verursachen sie mit Erdbeben und Vulkanausbrüchen oder Tsunamis mitunter verheerende Naturkatastrophen. Die ungleich größeren Spannungen, die diesen Äußerungen einer unruhigen Erde zugrunde liegen, bemerken wir nicht. Sie erschließen sich erst nach und nach der erdgeschichtlichen Forschung. Sie zeigt uns das Driften der Kontinente auf, ihr Zusammenstoßen und Zerreißen. Nur weil die Vorgänge auf den Zeitskalen von Jahrmillionen verlaufen, geben wir uns der sicheren Überzeugung hin, festen Boden unter den Füßen zu haben und eine beständige Erde, auf die wir bauen können. Mancherorts erweist sich diese Zuversicht als höchst gefährliches Risiko. Viele Millionen Menschen kostete die unruhige Erde das Leben. Dennoch zieht es noch viel mehr von ihnen hin zu den Spannungszonen. Nirgendwo verdichtet sich die Menschheit so sehr wie gerade in diesen Bereichen, wo Erdbeben und Vulkane zu fürchten sind und wo an Küsten das Meer brandet. Wie in größter Leichtfertigkeit ziehen viele Menschen diese gefährlichen Regionen dem sichereren Leben andernorts vor. Das war auch zu Zeiten schon so, in denen den Wanderungen ganzer Völker keine wirklichen Schranken gesetzt waren.

Die Gründe sind offensichtlich. Zum normalen, täglichen Leben sind diese Spannungszonen besser als die meisten der »ruhigen Gebiete«. Denn hier ist die Natur am ergiebigsten. Angefangen von bedeutenden Bodenschätzen, Wertvollem, wie besondere Erze und Edelsteine, über von Natur aus fruchtbare

Böden und wechselhaftes Wetter bis hin zur großen Freiheit für Verkehr und Handel bieten diese Spannungs- und Grenzzonen einfach mehr und Besseres als die einförmigen, ruhigen Weiten im Innern der Kontinente. Die Menschen mußten solche Erkenntnisse gar nicht erst mühsam sammeln. Sie brauchten auch nicht auf wissenschaftliche Begründungen oder Bestätigungen zu warten. Die übrige Natur zeigte ihnen mit ihrer Vielfalt und Üppigkeit, mit ihren guten Erträgen und ihrer leichten Zugänglichkeit zu den Ressourcen, wo es günstig ist zu leben. Und allen Heimsuchungen durch Naturkatastrophen zum Trotz kehren die Betroffenen, die überlebten, wieder zurück, um erneut an den Flüssen mit furchtbaren Überschwemmungen zu siedeln, um wieder an den Hängen der Vulkanberge zu pflanzen und um Lissabon, San Francisco und Tokio wieder aufzubauen. Die Gewinne sind ihnen das Risiko wert, denn sie sind nicht fiktiv wie im zur Sucht gewordenen Spiel, sondern ganz real und auf die Schnelle wieder einzuholen.

So verbinden sich urzeitliche, Jahrmillionen dauernde Vorgänge der Erdoberfläche mit den kurzzeitigen Egoismen der Menschen, die trotz aller Erfahrungen nicht als Tollkühnheit zu bezeichnen sind, sondern als Risiko, das man eingeht, weil es kurzzeitig, in der Spanne eines Lebensalters, viel zu gewinnen gibt, sehr viel. Das zugrundeliegende Prinzip tritt nun immer deutlicher hervor.

Fließgleichgewichte

Der österreichische Biologe und Biophysiker Ludwig von Bertalanffy entwickelte 1953 mit seinen Forschungen zur Biophysik sogenannter offener Systeme den Begriff des »Fließgleichgewichts«. In der deutschen Form drückt er treffender als in der amerikanischen Umschreibung als »steady state« aus, worum es geht. Nämlich ganz und gar nicht um einen »ruhenden Zustand«, wie man dem »steady state« entnehmen könnte, sondern um einen höchst turbulenten, alles andere als gleichmäßig ruhigen Fluß von Stoffen und Energie. Das Fließgleichgewicht bleibt, dem Bild des strömenden Flusses durchaus entsprechend, fern vom Gleichgewicht. Der Fluß ist kein See, der mit seiner Wirklichkeit der Vorstellung vom »steady state« besser entspräche als das strömende Wasser. In denselben See kann man mehrmals steigen, in denselben Fluß nicht, weil sich sein Zustand der Strömung gemäß unablässig verändert, auch wenn er gleichzubleiben scheint. Es lohnt, in unserem Zusammenhang die Unterschiede zwischen Fluß und See wenigstens in den Grundzügen etwas genauer zu betrachten.

Im See steht das Wasser im wesentlichen still. Im Fluß fließt es dahin und fort. Im See schichtet es sich nach der Temperatur. Das vier Grad Celsius kalte Wasser sinkt in die Tiefe, weil es am schwersten ist. Wärmeres Wasser ist leichter und hält sich an der Oberfläche. Aber auch solches, das kälter als vier Grad ist, sammelt sich dort an. Eis schwimmt darauf. Ist der See tief genug, friert er, wie zum Beispiel der Baikalsee in Sibirien, auch bei größter Kälte nicht bis zum Boden durch. Im Fluß mischt die Strömung das Wasser. Stärkere Temperaturunterschiede treten nicht auf. Deshalb entstehen auch keine allzu ausgeprägten Unterschiede im Sauerstoffgehalt. Im See ist die Oberfläche gut durchlüftet, während es in der Tiefe rasch zu Mangel an Sauerstoff und in der Folge davon zu Fäulnisvorgängen kommen kann. Im See sinken die Nährstoffe und die Körper abgestorbener Lebewesen in die Tiefe. Sie sammeln sich an, zersetzen sich in der Kälte langsam und bleiben darin gefangen, wenn keine starke Durchmischung über Zirkulationsvorgänge im Wasserkörper möglich ist. Viele Seen sind Nährstoff-Fallen. Sie altern und verlanden dadurch mehr oder weniger rasch. Flüsse altern nicht, so lange ihr Wasser von den Quellen her nicht versiegt. Viele sind tausendmal und noch viel älter als die allermeisten Seen. Deren Vergänglichkeit steht die Dauerhaftigkeit der Flüsse gegenüber. Ihre Existenzzeiten reichen hinein bis tief in die Erdgeschichte. Niger und Uramazonas gab es schon, als Afrika und Südamerika noch nicht voneinander getrennt und auseinandergedriftet waren. Der Hochrhein entließ sein Wasser einstens in die Donau, lange bevor die Voralpenseen entstanden. So zeigt der Vergleich von See und Fluß, von stehendem und fließendem Wasser die Beständigkeit des Fließens und die Vergänglichkeit des Statischen. Die vordergründige Beständigkeit des stehenden Wassers ist in Wirklichkeit eine vorübergehende Angelegenheit. Unser Zeitmaß stimmt lediglich nicht mit dem von Seen überein. Wir empfinden in Jahren, können uns Jahrhunderte vielleicht noch einigermaßen konkret vorstellen, erkennen aber die Vergänglichkeit nicht, wenn sie in Jahrtausenden verläuft.

Das Fließen der Flüsse setzt eine beständig wirkende Kraft voraus; eine Kraft, die das »Gefälle« verursacht und dem die Strömung als Bewegung folgt. Isaac Newton hat uns diese geheimnisvolle Kraft wenigstens namentlich und mit physikalischen Gesetzen erschlossen, auch wenn wir weit davon entfernt sind, ihre »wirkliche Natur« zu begreifen. Es ist dies die Schwerkraft. Ohne diese würde das Wasser nicht fließen. Und ohne die Energie der Sonne könnte kein Wasser verdunsten, gegen die Schwerkraft aufsteigen, sich da und dort zu Wolken verdichten, denen schließlich die Schwerkraft das Wasser entzieht, das nun die Flüsse nährt und wieder dem Meere zuströmt. Unterschiede im Druck der Luft, die sich als Wind äußern, bewirken die Verfrachtung über mehr oder weniger große Strecken. Insgesamt kommt so der schon kurz geschilderte Wasserkreislauf zustande. Ungleiche Verteilungen von unterschiedlichen Kräften bilden seinen Antrieb, ohne die er rasch erlahmen und verschwinden würde.

Das Fließgleichgewicht im wirklichen Fluß benötigt daher wie alle Fließgleichgewichte, die in der lebendigen Natur entstehen, zur Aufrechterhaltung äußere Energie. Energiezufuhr treibt die Fließgleichgewichte an, weil sie aus Ungleichgewichten entstehen. Energie hält sie fern vom eigentlich und oft fälschlicherweise gemeinten Gleichgewicht. Ganz im Sinne von Ilyia Prigogine! Doch in einer ganz wesentlichen Hinsicht unterscheidet sich das fließende Gleichgewicht des Wassers im Fluß von einem Fließgleichgewicht im Organismus. Die Lebewesen bauen die Ungleichgewichte über die aktive Aufnahme von Energie auf, während das Wasser einfach passiv fließt und dabei der Schwerkraft folgt. Organismen können daher die Intensität ihrer Fließgleichgewichte verändern. Sie steigern den Durchfluß an Energie, wenn sie aktiv sind, und zwar um so mehr, je aktiver sie werden. Sie vermindern den Energiefluß in Ruhestadien. Mitunter geht das so weit, daß sich kaum noch »Lebenszeichen« erkennen lassen. Ein Igel oder ein Siebenschläfer im Winterschlaf wirken, unvermittelt in die Hand genommen, mit ihren kalten Körpern wie tot. Daß sie aus der Kältestarre wieder erwachen können, grenzt an ein Wunder. Doch noch wundersamer ist die Dauerhaftigkeit von ruhendem Leben unter wirklichen Extrembedingungen. Viren und manche Bakterien »überleben« in diesem nahezu leblosen Zustand einfach durch die Erhaltung ihrer inneren Struktur, bis irgendwann die Bedingungen wieder günstig werden für aktives Leben. Kein Wunder, daß die Vorstellung, Leben sei über solche oder ähnliche Keime aus den Tiefen des Universums auf die Erde gekommen, als diese den dafür geeigneten Zustand vor dreieinhalb oder vier Milliarden Jahren erreicht hatte, sich entwickelte. Inzwischen können auch so zweifellos besondere (und äußerst wichtige) Grundformen des Lebens wie Samenzellen im Sperma oder Eizellen unter den weltraumähnlichen Kälteverhältnissen von flüssigem Stickstoff schockgefroren lebensfähig konserviert werden. Die Erhaltung von Strukturen, die für Lebensprozesse unerläßliche Vorbedingung sind, und aktives Leben sind also recht unterschiedliche Aspekte des Lebens an sich. Aktives Leben bedeutet in jedem Fall die Aufnahme von Energie, die das lebende System fern vom Gleichgewicht hält. Wie schon ausgeführt, muß die aufgenommene Energie schneller umgesetzt werden, als es dem natürlichen Zerfall in Wärme entspräche. Nur dann kann die lebendige Materie Aktivität entfalten.

Was besagen diese zweifellos sehr theoretischen Erörterungen für die Lebenswirklichkeit? Was bedeuten sie für die Vorgänge im Naturhaushalt und für unseren Umgang damit?

Tatsächlich sind sie so wichtig, daß ohne ihre Berücksichtigung Ansichten und Schlußfolgerungen zustande kommen, die in falsche Richtungen führen können. Eine erste, sehr bedeutsame Konsequenz ergibt die klare Unterscheidung von Lebewesen, von Organismen selbst, und dem, was ihr Wirken in der nichtlebendigen Natur und untereinander hervorbringt. Als Organismen sind sie von ihrer Außenwelt abgetrennt. Sie müssen dies sein und bleiben! Nur die klare Trennung von innen und außen hält die Spannung aufrecht, unter der sich die Lebensprozesse entwickeln können. Organismen sind, ihrem Namen gemäß, Organisationsformen von Materie, die durch ein inneres Fließgleichgewicht fern vom Gleichgewicht mit der Umwelt gehalten werden. Bricht diese Trennung zusammen, weil die Grenze aufgehoben wird, erlischt das Leben, und der Körper ist, wenngleich noch als solcher vorhanden, tot. Er wird auch mit noch soviel Energiezufuhr nicht wieder lebendig gemacht werden können. Leben kann nicht zwischen Tod und Leben wechseln. Nur die Weitergabe von Leben ermöglicht die langfristige Erhaltung. Wiederbelebung geht nicht, ist erst einmal das innere Funktionsgefüge zusammengebrochen, weil die Regelung erloschen ist. Das Fließgleichgewicht kann daher in einem bestimmten Organismus nur einen vollen Aktivitätszustand erreichen, nicht beliebig viele. Lediglich das Zurückdrehen des Fließgleichgewichts auf ein sehr viel niedrigeres Niveau geht in manchen Fällen, wenn sogenannte Ruhe- oder Dauerstadien angenommen werden. Ein voll ausdifferenzierter, komplexer Organismus eignet sich dafür nicht, wie wir wissen. Daher ist es unrealistisch, darauf zu hoffen, sich tiefgefroren für eine bessere Zukunft aufbewahren zu lassen. Es scheint den Fortpflanzungs- und Stammzellen vorbehalten zu sein, die Fähigkeit zum »Wiederaufwachen« behalten zu können, wenn sie tiefgefroren aufbewahrt werden. Energie verbrauchen sie in diesem erzwungenen Ruhezustand nicht. Ihre Innenstruktur und der damit verbundene genetische Informationsgehalt können sich bei so tiefen Temperaturen auch nicht verändern, zumindest nicht für das Maß unserer Menschenzeit.

Anders verhält es sich mit den komplexeren Systemen der Natur, die wir seit einem halben Jahrhundert Ökosysteme nennen. Da es darin weder zentrale Funktionssteuerungen noch feste Strukturen gibt, können sich die zustande kommenden Fließgleichgewichte fast beliebig, zumindest innerhalb viel weiterer Grenzen als in einem Organismus verändern. Entscheidend ist nur, daß sie fern vom Gleichgewicht der nichtlebendigen Natur bleiben, sich also von dieser »absetzen«. Absetzen deshalb, weil alle Lebewesen und die von ihnen gebildeten Gemeinschaften natürlich diese nichtlebendige Basis brauchen. Genau hier liegt nun der entscheidende Unterschied. Weil das Ausmaß der Entfernung des Fließgleichgewichts vom nichtlebendigen Grundzustand nicht festgelegt ist, eröffnen sich weite Spielräume. »Freiheitsgrade« sollten wir sie besser nennen, denn sie repräsentieren die zulässigen Möglichkeiten für die Akteure, für die Organismen, ihre Spiele auf den Bühnen der Natur zu entwickeln. Diese Freiräume waren es auch, die Evolution ermöglichten, weil nicht von vornherein so enge Grenzen gesetzt waren wie für einen fertigen Organismus. Dieser kann, wie der Volksmund treffend sagt, »nicht aus seiner Haut heraus«.

Die Ökosysteme sind offen. Lebewesen sind das nur eingeschränkt. Die Ökosysteme haben keine feste Struktur. Die Lebewesen entwickeln sich über flexible Strukturen. Wären diese allzu starr, könnten aus winzigen Eiern keine Menschen, Elefanten oder Wale, aus kleinen Samenkörnern keine großen Bäume heranwachsen. Trotz aller Flexibilität sind aber, wie gesagt, den Organismen Grenzen des Möglichen gesetzt. Die Ökosysteme sind ungleich offener und nahezu unbegrenzt flexibel. Sie lassen sich daher auch nicht auf bestimmte Zustände festlegen. Werden solche festgestellt, kann es sich um recht vorübergehende oder um länger anhaltende Zustände handeln, aber diese müssen deshalb nicht notwendigerweise so sein und bleiben, nur weil sie an einem bestimmten Ort zu einer bestimmten Zeit so vorgefunden worden sind. Wie sie sich verändern, hängt von den Außen- oder Rahmenbedingungen ab. Sie können auf vergleichsweise niedrigem Niveau von Energie-

Durchfluß und mit geringen Mengen umgesetzter Stoffe recht dauerhaft bleiben: weil sie der Mangel an größeren Änderungen hindert. Wird dieser behoben, stellen sich rasch andere Zustände ein. Sie können produktiver werden, einfacher in der Zusammensetzung, anfälliger für Störungen oder robuster, je nachdem, um welchen Mangel, der behoben wurde, es sich gehandelt hatte. Auf jeden Fall müssen sie aber als Fließgleichgewichte fern vom Gleichgewicht bleiben. Je weiter sie davon abgerückt werden, desto produktiver sind sie in aller Regel. Aber auch um so anfälliger für Änderungen. Das ist bestens bekannt aus der modernen Hochleistungs-Landwirtschaft. Wird die stete Kontrolle zurückgenommen oder ganz aufgegeben, ändern sich die Zustände so rasch, daß die Kurzform »Zusammenbruch« durchaus zutrifft. Aber nur im Hinblick auf das vorherige Ziel, dieses oder jenes in möglichst großen Mengen zu produzieren. Die neuen Zustände, die kommen und dahingehen, wenn ein Acker sich selbst überlassen bleibt und nicht mehr bewirtschaftet wird, sind nur im Hinblick auf die landwirtschaftliche Nutzung das »Ende des Systems«, keineswegs aber für all die Arten von Pflanzen und Tieren, die nun in rascher Folge kommen. Ob das Brachland, ob die Entwicklungen, die ablaufen, und ob schließlich ein Wald, wenn sich solcher bildet, als »schlechter« oder »besser« eingestuft werden, stellt ein sehr menschenbezogenes Urteil dar. Mit der Natur und dem »System an sich« hat das nichts zu tun!

Bewirtschaftete, mit zusätzlicher Energie und mit Stoffen, die vorher im Minimum waren, versorgte Ökosysteme, erreichen daher Zustände, die noch weiter vom Gleichgewicht entfernt sind und als Fließgleichgewichte weitaus höhere Leistungen erbringen. Weil sie weiter vom Gleichgewicht entfernt sind! Grundsätzlich handelt es sich dabei nicht ausschließlich um

Menschenwerk. Auch in der vom Menschen nicht beeinflußten Natur gibt es Verhältnisse, die solchen »angereicherten«, energetisch »angefeuerten« Ökosystemen entsprechen. Flußtäler, insbesondere aber die Mündungsdelten von Flüssen, die Nährstoffe aus einem weitläufigen Einzugsgebiet herantransportieren, geben das beste Beispiel dafür ab. Sie erzeugen weitaus mehr Biomasse in einem Jahreslauf als das unmittelbar angrenzende, vom Fluß aber nicht mit zusätzlichen Nährstoffen versorgte Gebiet. Sie sind reichhaltiger an Arten, vor allem auch an solchen, die hinsichtlich ihrer Nahrung sehr anspruchsvoll sind, und sie halten die stark erhöhten Energie- und Materialflüsse dauerhaft aufrecht, weil der Fluß immer wieder nachliefert. Andere, vergleichbare Situationen entstehen, wo Erdwärme zusätzliche Energie liefert oder wo vulkanische Aktivitäten produktivere Verhältnisse schaffen, als es dem geographischen und klimatischen Umfeld gemäß wäre. Die Verstärkung von Ungleichgewichten stellt somit keine Erfindung des Menschen dar, sondern die konsequente Fortsetzung natürlicher Prozesse, die auf kleine Gebiete beschränkt gewesen waren. Doch so schnell wie natürliche Flußauen veröden können, wenn Wasser und Nährstoffe ausbleiben, so rasch verfallen auch vom Menschen energetisch hochgezogene Fließgleichgewichte. Brachland, aufgegebene Nutzflächen und anderes, vordem intensiv bewirtschaftetes Gelände zeugen davon – und beweisen, daß deswegen nicht »der Naturhaushalt« zusammengebrochen ist. Die Systeme haben sich verändert. Neues ist an die Stelle des Früheren getreten. Anderes wird kommen. Was sich behauptet und wie die Entwicklung laufen soll, drücken Naturgegebenheiten, viele Zufälligkeiten miteingeschlossen, einerseits und menschliche Wunschvorstellungen andererseits aus. Denn Ungleichgewichte nähern sich Gleichgewichten an. Die Veränderung wird um so langsamer, je größer der Mangel geworden ist, der sich mit der Zeit einstellt. Mangel bremst. Mangel erhält. Manches zumindest, weil Zustände des Mangels die Antwort auf das Schwinden der Möglichkeiten sind. Die äußersten Formen des Mangels sind die Hitzewüsten und das »ewige« Eis. Im Spannungsfeld dazwischen entfaltet sich das Leben in seiner ganzen Vielfalt bei aller Unterschiedlichkeit der Verhältnisse. Welcher Zustand der richtige ist, geht aus der Vielfalt nicht hervor. Denn über »richtig« und »falsch« urteilt allein der Mensch.

2 Die Menschenwelt

Zwei Jahrhunderte Verwerfungen

Eingriffe in den Naturhaushalt, Störung des Gleichgewichts der Natur, Gefährdung ganzer Ökosysteme oder gar ihr Zusammenbruch: solche Begrifflichkeiten bilden längst nicht nur Schlagworte im besonderen Wortschatz von Natur- und Umweltschützern. Sie haben auch Eingang in Gesetze und Verordnungen gefunden. Neue Versionen davon sind Bezeichnungen wie unsere »ökologischen Fußabdrücke«, die wir hinterlassen, weil wir einen viel zu voll geladenen »ökologischen Rucksack« tragen. Das klingt fast wie Erbsünde; zumindest für all jene Menschen, die in der Ersten Welt geboren wurden und hier aufgewachsen sind. Von Geburt an tragen sie nun den Makel, das Kainsmal der hochentwickelten Zivilisation. Viel besser sind die in der Dritten Welt geborenen, weil es ihnen schlechter geht. Daraus folgt die Forderung, allen Menschen sollte die gleiche Menge an Energie zugemessen werden, die sie verbrauchen und als Kohlendioxid freisetzen. Diese Menge muß allerdings unvergleichlich niedriger als in der entwickelten Welt üblich angesetzt werden, weil ansonsten das ohnehin schon schwer geschädigte Ökosystem Erde vollends zusammenbrechen würde. Die gegenwärtigen mehr als sechs Milliarden Menschen wären ja schon nicht mehr tragbar, würden sie alle den selben Lebensstandard verwirklichen wie wir. Und weitere Milliarden werden hinzukommen, bis die globale Bevölkerungszunahme aufhört. Zurück zum Gleichgewicht ist daher die Forderung. Zurück zu einer Lebensweise, bei der die Menschen nicht mehr verbrauchen, als natürlicherweise wieder nachwächst oder sich regeneriert. Nur dann ist es möglich, ein dauerhaftes Überleben der Menschheit zu sichern. Die Wurzel allen Übels ist der Verbrauch an fossilen Brennstoffen. Die Europäer haben dies mit ihrer Industriellen Revolution angefangen, ohne die Folgen absehen zu können. Sie, wir also, sind folglich schuld. Damals, Ende des 18. und zu Beginn des 19. Jahrhunderts, brachen unsere Vorfahren mit der Förderung und Verbrennung zuerst von Kohle, dann auch von Erdöl, aus dem Gleichgewicht mit der Natur aus.

Warner vor den Folgen hatte es von Anfang an gegeben. Sie fanden kein Gehör. Sie wurden abgetan als romantische Naturschwärmer. Das Rousseausche »Zurück zur Natur« bekam den ironischen Gegenruf zu spüren: »Auf die Bäume, ihr Affen!« Die Romantik baute dennoch diese Sehnsucht nach der »unberührten Natur« auf. Uralte Paradiesvorstellungen erlebten eine Renaissance. In reichlich Früchte tragenden Gärten tummeln sich unschuldige Kinder Gottes oder edle Wilde in natürlicher Nacktheit. Im kleinen wurden Sonntagspaziergang hinaus in die Natur sowie die Erholung in der »Sommerfrische« praktizierte Umsetzungen dieser verständlichen Sehnsucht nach dem besseren Leben auf dem Land oder, wenn möglich, in der frischen Bergluft. Denn die Luft war in den rasch wachsenden Städten in der Tat schlecht geworden; katastrophal schlecht für heutige Begriffe. Die Motoren der Industriellen Revolution liefen mit schlechten Wirkungsgraden auf Hochtouren. Schornsteine, aus denen schwarzer oder farbiger Rauch in dicken Schwaden hervorquoll, symbolisierten den Fortschritt und die Macht, die daraus erwuchs. Wesentliche Teile von West- und Mitteleuropa, etwas später auch in den USA, wurden großflächig zu Industriegebieten mit rußgeschwärztem Himmel, giftigen Brühen in den Kanälen und Flüssen und einem

Arbeiterproletariat, das unter kärglichsten Bedingungen schuftete. Daß dies zum Nährboden für Revolutionen und für revolutionäres Gedankengut wurde, liegt auf der Hand. Zu den Oasen des Reichtums, den dieser Manchester-Kapitalismus einigen wenigen eintrug, hatten die Massen keinen Zugang. Ihnen blieb, sofern ihnen überhaupt ein bißchen Zeit verblieben war, nur der Weg hinaus »in die Natur«. Daß dort eine bäuerliche Bevölkerung unter ähnlich kargen Bedingungen ums Überleben kämpfte, war dank der besseren Luft, des freien Himmels voller Vogelgesänge und der bunten Blumen, die überall blühten, beim Sonntagsspaziergang nicht ersichtlich. Zu Tausenden, zu Hunderttausenden zogen sie fort, die bettelarmen Kleinbauern, und suchten ihr Glück in der Neuen Welt als Auswanderer. Jahre mit miserabler Witterung verschlimmerten die Lage, weil das wichtigste Nahrungsmittel der Bevölkerung, die Kartoffeln, verfaulten. Ein Pilz hatte sie befallen und die Kartoffelernten weithin vernichtet. Das 19. Jahrhundert ist geprägt durch diese Doppelbelastung von Mißernten und Ausbeutung der Fabrikarbeiter. Überleben konnten – und sollten – die Tüchtigsten. Diese Lehre wurde aus Darwins Triebkraft der Evolution, der natürlichen Selektion, gezogen. Vor dem Hintergrund dieser hier nur ganz grob summarisch behandelten Verhältnisse sind sowohl die Romantik mit ihrer Bezogenheit auf die glückliche Natur als auch die Ökologie, die sich aus Haeckels ›Haus der Natur‹ ergab, zu betrachten. Die Städte wucherten. Sie drohten das Land aufzufressen. Verglichen mit ihrer Unwirtlichkeit in den Elendsvierteln waren die Lebensverhältnisse bei einfachen Bauern draußen zweifellos besser. Vor allem, wenn man sie nur oberflächlich zur Kenntnis nahm; auf Ausflügen und in der Sommerfrische.

Gewaltige Veränderungen wurden auch »in der Natur« vollzogen. Die Regulierung der großen Flüsse begann. Zu den ersten gehörte, wie schon ausgeführt, die Tullasche Rheinkorrektur zu Beginn des 19. Jahrhunderts. Weitere folgten so rasch, daß Anfang des 20. Jahrhunderts kaum noch ein größerer Fluß in Mitteleuropa unreguliert dahinströmte. Mit der Trockenlegung der Auen gewann man neues Ackerland, wo früher, der Überschwemmungen wegen, nur eine wenig ertragreiche Weidewirtschaft betrieben werden konnte. Voller Gefahren war sie zudem, weil Leberegel die Schafe befielen, Rinder wahnsinnig wurden, weil sie giftigen Schachtelhalm aus Hunger fraßen, und Myriaden von Mücken schwärmten. Vielerorts trugen und übertrugen sie noch Malaria. So am Oberrhein, im mittelfränkischen Weihergebiet und in den feuchten Niederungen Hollands. Überschwemmungen gab es, wie auch Mißernten, sehr häufig.

In solchen Übergangszeiten, von Historikern auch Sattelzeiten genannt, wächst naturgemäß der Wunsch nach Stabilität. Das war wohl zu allen Zeiten so. Die Gründung des Deutschen Reiches 1871 als Abschluß der Konsolidierung nach den Wirren der sogenannten Europäischen Revolution von 1848 und der noch längst nicht ausgereiften Neuordnung Europas im Wiener Kongreß nach Napoleon bringt diese Stabilität wenigstens im staatspolitischen Bereich zustande. Die Ruhe währt fast ein halbes Jahrhundert bis zum Ausbruch des Ersten Weltkrieges. Global herrscht auf den Meeren die ›Pax Britannica‹. Die Welt ist unter den Kolonialmächten aufgeteilt. Doch die Industrialisierung rast geradezu weiter. Neue, bahnbrechende Forschungsergebnisse revolutionieren die Agrarproduktion und die Medizin. Die Lebenserwartung der Menschen steigt stark an. Moderne, auf den Einsatz von Kunstdünger und Motoren bauende Landwirtschaft und Medizin schaffen die Basis für die globale Bevölkerungsexplosion. Noch bietet die Abwanderung in die Kolonien Ventile für den Druck in Europa. Bis zum Krieg. Die landwirtschaftliche Produktion hält nicht Schritt mit dem Anwachsen der Bevölkerung. Malthus scheint recht zu bekommen mit seiner Vorhersage, daß die Menschheit stärker als ihre Nahrungsressourcen anwachsen wird. Die Fläche ist nicht vermehrbar. Wie im Modell von Tierbeständen in der Natur kann der Druck der Übervermehrung nur auf zweierlei Weise abgelassen werden: Über Abwanderung und/oder über Erhöhung der Sterblichkeit. Es sei denn, die Geburtenraten gingen zurück. Aber da schon zu viele leben, wird der Jahrzehnte später tatsächlich einsetzende Geburtenrückgang nicht rechtzeitig wirksam. Gleichverteilung, wie sie die Ideologie des Kommunismus anstrebte, löst die Problematik nicht, wie sich gleichfalls zeitverzögert zeigt. Das Ungleichgewicht, das sich als Überlagerung aus vielen regionalen Ungleichgewichten insgesamt aufgebaut hat, ist zu groß geworden. Ginge es nicht um Menschen, um die Generationen vor uns, stellte dies nichts weiter als eine zwar dramatische, gleichwohl aber naturgemäße Schilderung der Entwicklungen dar.

Wunschvorstellung Gleichgewicht

Blickt man zurück auf diese letzten beiden Jahrhunderte, so erscheint es gerechtfertigt, festzustellen, daß ausgerechnet die Zeiten ausgeprägterer Stabilität jeweils ein besonders explosives Ende nahmen. Die einzige Ausnahme davon, der weitgehend friedliche Zusammenbruch der Sowjetunion, nährt die Hoffnung auf nachhaltige Fortschritte in der Lösung spannungsgeladener Probleme. Ob diese Hoffnung berechtigt ist, wird sich erweisen müssen. Das seither Geschehene gibt allerdings nicht gerade Anlaß zu Zuversicht.

Wie so oft wird die Lösung »in der Natur« gesucht, wenn die Menschen auf keine überzeugenden Erfolge Bezug nehmen können. Zwar geht es nicht gerade paradiesisch-friedlich in der Natur zu, aber allemal besser als in der Menschenwelt. Schließlich überlebten die Systeme der Natur seit Urzeiten, wogegen dies noch kein einziges politisches System für sich in Anspruch nehmen kann. Jedenfalls hat es mehr Despotien als Demokratien, mehr Krieg als Frieden gegeben. Das Vorbild der Natur offenbart gleich drei grundsätzliche Lösungen von Problemen, die in der Menschenwelt immer wieder Zündstoff für Explosionen liefern. Es herrscht Vielfalt. Es stellen sich Kräftegleichgewichte ganz von selbst ein. Die Ressourcen werden optimal (und damit auch sozial) genutzt. Die Menschenwelt tendiert zum Gegenteil. Zu Uniformität, einschließlich der Uniformen, mit denen Dominanz und Unterdrückung anstelle von vielfach ausbalancierten Kräftegleichgewichten erkämpft werden, und zu Raubbau. Von optimaler und sozialer Nutzung der Ressourcen ist die Menschenwelt weit entfernt. Tendenz weiter abweichend denn angleichend. Die ökologischen Forderungen, die sich daraus ergeben, müssen daher genau dies anprangern und Wege zum Gleichgewicht einfordern. Die Natur wird dazu unmittelbar als Vorbild herangezogen. Natürlich schwanken die Bedingungen von Jahr zu Jahr und von Gebiet zu Gebiet, aber dennoch stellt sich immer wieder der Normalzustand ein. Also muß dieser auch der richtige Zustand sein. Einstellen kann er sich jedoch nur, wenn die Belastungen oder Störungen das zulässige Maß nicht übersteigen. Denn die Systeme der Natur sind in ihrer Elastizität nicht unbegrenzt belastbar. Es darf ihnen auch nicht zu viel entzogen werden, weil verarmte Systeme nicht mehr so recht oder gar nicht mehr funktionieren. Eine derartige Argumentation versteht sich so sehr von selbst, daß sie keiner weiteren Begründung mehr bedarf. Es ist so, weil es so sein muß. Die politische Dimension der Argumentation tritt bei dieser Betrachtung offen zutage. Es geht gar nicht um die Natur an sich. Sie dient auch weniger als Vorbild, sondern mehr als Vorwand für die Argumentation. Daß die stark vereinfachten Agrar-Ökosysteme weitaus mehr insgesamt leisten als natürliche Vorbilder und zudem ziemlich genau das, was gebraucht wird, bleibt ebenso unberücksichtigt wie der entgegengesetzte Befund, daß die besonders diversen, an Arten von Tieren und Pflanzen reichen Systeme kaum Nutzbares hergeben.

Unberücksichtigt bleiben der Zusammenhang zwischen Stabilität und Mangel, der größere Änderungen einfach verhindert, und die tatsächlichen Ungleichgewichte in der Natur, ohne die sie gar nicht funktionieren könnte. Zwei Beispiele sollen verdeutlichen, daß es ausgerechnet die »balancierten« mittleren Zustände sind, die zwar als solche wünschenswert wären, sich aber nicht so recht einstellen lassen. Das erste Beispiel liefert die Belastung und Reinhaltung von Seen. Eingeleitete Abwässer düngten seit Jahrzehnten oder Jahrhunderten, bis die Folgen sichtbar wurden. Die anfänglich sauberen Gewässer drohten zu »kippen«, was bedeuten sollte, daß sie vom nährstoffarmen, sauberen Zustand in einen nährstoffreichen, schmutzigen hinüberwechselten oder daß dieser Wechsel bevorstand. Durch Ringkanalisationen und starke Verminderung der Abwässerzufuhr ließ sich dieses Kippen in zahlreichen Fällen verhindern. Die Seen wurden wieder sauberer, aber nun nahmen auch die Fischerträge (stark) ab. Denn nährstoffarme Seen sind unproduktiv, weil in ihnen Mangel an Nährstoffen herrscht. Das ist gut für die Gewinnung von Trinkwasser aus dem See sowie für den Bade- und Erholungsbetrieb, nicht aber für die Fischerei und für die (zu schützenden) Wasservögel, für die bedrohten Muscheln, Libellen, Krebse und anderes Wassergetier. All diesen geht es im nährstoffreichen See weitaus besser. Fische gibt es in Hülle und Fülle; Wasservögel auch und diese ohne nennenswerte Konflikte mit der Fischerei zu verursachen. Beide Zustände kann der See nicht gleichzeitig einnehmen. Er ist entweder nährstoffarm (oligotroph) und unproduktiv oder nährstoffreich (eutroph) und produktiv. Entweder – oder? Dazwischen liegt doch der mittlere Zustand, mesotroph genannt. Er verbindet gute Produktivität mit sauberem Wasser, weil im Idealfall all das wieder um- und abgebaut wird, was im Sommer produziert worden ist. Doch dieser Mittelzustand erweist sich als instabil. Er geht rasch in den einen oder in den anderen über. Nur mit außerordentlich (und unrealistisch) hohem Aufwand ließe er sich aufrechterhalten. Stabile Zustände sind Nährstoffreichtum und -armut. Ist so ein See ein Sonderfall? Durchaus nicht. Nährstoffreiche und nährstoffarme Zustände sortieren sich allüberall in der Natur. In unseren Fluren vollzog sich der Wechsel gleichsam vor unseren Augen so schnell und doch so unauffällig, daß er nahezu ungemerkt geblieben ist. Bis in die sechziger Jahre hinein waren die Fluren weithin mit Nährstoffen unterversorgt. Die Entnahmen durch die Ernte der Feldfrüchte wurden nicht vollständig ausgeglichen. In früheren Zeiten magerten die Fluren und sogar die Wälder stark und anhaltend aus, weil ihnen die Menschen mehr entnommen hatten, als sie wieder zurückgaben. Mit dem massiven Einsatz von Kunstdünger und Gülle kippte das agrarische System in nur rund einem Jahrzehnt vom unterversorgten zum überdüngten Zustand. Der ideale Zwischenzustand eines ausgewogenen

Einsatzes von Dünger, der gerade soviel zurückgibt, wie entnommen wird, ließ sich nicht halten. Jahrzehnte sehr starker Überdüngung folgten. Sie wirkt bis in die Gegenwart. Sie ist der Hauptgrund für den Schwund an Artenvielfalt, und sie hat die »Roten Listen der gefährdeten Arten« gefüllt: weil überdüngte Fluren einige wenige Arten begünstigen, die Vielfalt daraus aber verdrängen – in der bewirtschafteten wie in der unbewirtschafteten Natur auch. Die Überdüngung baut neue Spannung auf. Fremde Arten profitieren davon, breiten sich aus und müssen unter Umständen bekämpft werden. Sie sind nicht selbst ihrer Natur nach »aggressiv«, sondern sie wachsen und gedeihen, weil ihnen der passende Nährboden zubereitet worden ist. Waren es in früheren Jahrhunderten einwandernde Arten, die mit mageren Verhältnissen zurechtkommen, so verhält es sich nun umgekehrt. Die anspruchslosen verschwinden, weil sich einige wenige breitmachen, gleichgültig ob diese schon heimisch waren oder von anderen Regionen oder Kontinenten stammen. Ausgewogene Verhältnisse sind jedenfalls nicht zustande gekommen. Vielmehr haben sich neue Ungleichgewichte aufgebaut; solche der Meinung von Naturschützern und mancher Ökologen eingeschlossen.

Wie sehr Meinungen und Bewertungen dabei vorherrschen, sollte gar nicht verwundern. Denn betrachteten nicht etwa die vier großen Naturnutzer, die Land- und Forstwirtschaft, die Jagd und die Fischerei, seit jeher Ungleichgewichte als Ziele ihrer Vorstellungen vom Gleichgewicht? Die Landwirtschaft versucht mit den jeweils verfügbaren Mitteln die Unkräuter zu bekämpfen. Die Jagd vertrat und vertritt zumeist immer noch dieselbe Einstellung gegenüber Raubwild und Raubzeug, das »kurzzuhalten« sei. Die Fischerei verfolgt ganz entsprechend das Ziel der Förderung der Nutzfische und will möglichst keine Verluste an andere Nutzer hinnehmen, auch wenn diese, wie manche Wasservögel, von Fischen leben müssen. Der Forst als die über die längsten Nutzungszeiträume angelegte Form der Landbewirtschaftung sieht nicht im unproduktiven, aber artenreichen Urwald ohne nennenswerten Holzzuwachs das Ziel, sondern in möglichst wüchsigen, einfach aufgebauten Beständen. Wie schwer es war und ist, diesen Naturnutzern wenigstens geringfügige Anteile im Interesse der Natur und den an ihr interessierten Menschen abzuringen, gehört zu den schmerzlichsten Erfahrungen der Naturschützer. Jeder entwickelt dabei seine eigene Vorstellung von »ausgewogenen Verhältnissen« in der Natur. Das beginnt im Vorgarten und reicht bis zu solch immer noch weithin umstrittenen Fragen, ob denn in Nationalparken überhaupt eine Nutzung zulässig sein kann. Die Gesellschaften in den Städten sind dabei keineswegs auszunehmen, wollen sie doch aus den Leitungen Wasser haben, das unbelastet ist und weder Bakterien noch Kaulquappen enthält, draußen aber möglichst vielfältige Natur erleben, in der es jedoch keine Stechmücken, Bremsen oder andere Quälgeister geben soll. Die Landbevölkerung sperrt ihnen die meisten Wege und Straßen, auf denen sie selbst und ganz selbstverständlich jederzeit mit schwersten Maschinen fährt. Entsprechende Sperrungen in der Stadt wären nicht einmal denkbar, geschweige denn durchzusetzen. Daß streng geschützte Pflanzen und Tiere den land- oder forstwirtschaftlichen Maßnahmen massenhaft zum Opfer fallen, bleibt gerechtfertigt, weil die Landwirtschaft per Gesetz keinen Eingriff in den Naturhaushalt darstellt, während dem großen Rest der Bevölkerung Strafen in recht beträchtlichen Größenordnungen angedroht werden, wenn er geschützte Blumen pflücken oder Vögel stören sollte. Solche Unausgewogenheiten sind so allgemein vorhanden, daß es kaum möglich ist, das vorgeblich Ausgewogene darin ausfindig zu machen. Das pflanzt sich über alle Ebenen und Bereiche fort. Für die »Allgemeinheit« verbindliche Gesetze und Verordnungen verlieren ihre Verbindlichkeit und Wirksamkeit über eine nicht durchschaubare Fülle von Ausnahmen, für die es angeblich gute wirtschaftliche, soziale oder sonstige Begründungen gibt. Am ehesten entsprechen die naturfernsten Betätigungsbereiche den Idealen von Ausgewogenheit. So die Regeln, die für den Straßenverkehr gelten, und die Bestimmungen in der Luftfahrt, die wirklich fast alle gleichermaßen treffen. Aber mit natürlichen Gleichgewichten haben ausgerechnet diese Gleichbehandlungen von vornherein nichts zu tun.

Nachhaltigkeit

Seit dem »Umweltgipfel von Rio de Janeiro« 1992 gilt das Konzept der Nachhaltigkeit als eines der Leitmotive für die Entwicklung. ›Nachhaltige Entwicklung‹, *sustainable development*, hatte der maßgeblich vom damaligen deutschen Umweltminister Klaus Töpfer gestaltete Umweltgipfel der Vereinten Nationen gefordert, ohne dem Ausdruck konkreten Inhalt gegeben zu haben. Allenfalls die in der Forstwirtschaft praktizierte Nachhaltigkeit der Nutzung von Wald läßt sich einigermaßen konkret mit diesem Konzept zur Deckung bringen. Die forstliche Nachhaltigkeit ist so einfach wie problematisch: Dem Wald soll/darf nicht mehr Holz entnommen werden, als nachgewachsen ist, um die Substanz langfristig zu erhalten. Verzögerungszeiten ergeben sich dennoch, insbesondere dann, wenn der Holzbedarf kurzfristig sehr groß geworden ist oder wenn plötzlich, durch Sturmwurf oder Käferbefall, unerwartet viel anfällt. Es dauert dann entsprechend lange, bis die Entnahme wieder ausgeglichen ist: Bei der forstwirtschaftlich einträglichen Kahlschlagwirtschaft auch unter günstigen Wachstumsbedingungen 70 bis 100 Jahre; bei Edellaubholz noch erheblich länger. Einzig die sogenannte Plenterwirtschaft mit Einzelstammentnahme kommt dem Ideal der kontinuierlichen Nutzung des Zuwachses sehr nahe. Sie erfordert hohen Aufwand und die Verfügbarkeit entsprechend großer Wälder, um pro Zeiteinheit, pro Jahr oder Jahrzehnt, den tatsächlichen Bedarf zu decken.

Bei der konventionellen Landwirtschaft kann bei oberflächlicher Betrachtung hingegen leicht der Eindruck erweckt werden, sie arbeite nachhaltig, weil jedes Mal nicht mehr geerntet wird, als aufgewachsen ist. Die vollständige Entnahme der Jahres- oder der Saisonproduktion wird durch das neue Heranwachsen komplett ersetzt – und das höchst nachhaltig, wie die Ertragssteigerungen der letzten Jahrzehnte bewiesen haben. Doch wenn Einsatz von Düngemitteln und Energieaufwand mit in die Kalkulation einbezogen werden, tritt die Diskrepanz offen zutage. Das hohe Leistungsniveau kann nur unter dem hohen Einsatz von Hilfsstoffen und Energie aufrechterhalten werden. Es gilt nun nicht mehr als ›nachhaltig‹, weil sich die Produktivität nicht selbst erhalten könnte.

Gibt es dann überhaupt ein natürliches und von den Menschen nutzbares System, das nachhaltig produziert? Genaugenommen nicht, denn es müssen immer von woanders die Stoffe und die Energien kommen, um einen bestimmten Landschaftsausschnitt langfristig produktiv zu erhalten. In den Flußoasenkulturen ist diese Gegebenheit seit Jahrtausenden ausgenutzt worden. Weite Einzugsbereiche der Flüsse »ernähren« mit fruchtbarem Schlamm und beständigem Nachschub von Wasser solche Kulturen. Meistens bedurfte es der Überschwemmungen, um nicht nur das Wasser selbst, das über Kanäle zu den Feldern geleitet werden konnte, sondern auch die mineralischen Nährstoffe bedarfsgerecht zu verteilen. Ansonsten wird den Böden zwangsläufig mehr entzogen, als wieder zurückgegeben werden kann. Das gilt für magere Tropenböden in der Konsequenz zwar ungleich härter als für die Landwirtschaft, die auf dicken Schichten von Lößböden betrieben wird, aber der Unterschied liegt schlußendlich in der Zeitdauer der Nutzungsmöglichkeiten, also in der Nachhaltigkeit. Wäre dem nicht so und gäbe es tatsächlich vollständige Kreislaufwirtschaften (ein perfektes Recycling), würde dies den Grundgesetzen der Natur widersprechen; genauer: dem zweiten Hauptsatz der Thermodynamik. Die perfekte Nachhaltigkeit wäre ein ›Perpetuum mobile‹. Sie ist eine Unmöglichkeit. Somit kann Nachhaltigkeit ohne steuernde und ergänzende Eingriffe durch den Menschen nur bedeuten, vorhandene Ressourcen so schonend zu nutzen, daß sie möglichst lange vorhalten. Das bedeutet Verzicht in der Gegenwart zugunsten späterer Nutzungen. Verzichten kann man dort am ehesten, wo viel vorhanden ist. Herrscht Mangel, schränkt dieser die Nutzungsmöglichkeiten entsprechend ein. Kapital für die Zukunft läßt sich unter solchen Bedingungen schwerlich zurückhalten und aufbauen. Wo hingegen Überschüsse vorhanden oder (leicht) zu erwirtschaften sind, könnte zwar gespart werden, aber so ein zurückhaltend-schonender Umgang mit den Ressourcen erzeugt unausweichlich das Problem der Konkurrenz. Wer in der Gegenwart mehr Umsatz macht, gewinnt Vorteile. Und das um so mehr, je stärker sich der Konkurrent zurückhält. Konventionen und Beschränkungen sollen in der menschlichen Gesellschaft die Wirtschaft »sozial« – und damit im Zaum – halten. Das gelingt bekanntlich selbst innerhalb eines Staates zumeist nur unbefriedigend. Zwischen den Staaten und insbesondere zwischen verschiedenen Wirtschaftssystemen funktioniert die Zurückhaltung zugunsten der Zukunft noch weniger. Wer nur ein wenig abweicht, gewinnt gleich viel, solange sich die anderen beschränken. Der Verbrauch an Ressourcen wird dadurch kaum gebremst. Das hat die jüngste Vergangenheit seit den weltweit verbreiteten Warnungen vor der Endlichkeit der Ressourcen durch den ›Club of Rome‹ und die ›Grenzen des Wachstums‹ von Dennis Meadows klar gezeigt. Sicher hätten Meadows und der ›Club of Rome‹ recht bekommen mit ihren Hochrechnungen, wenn seit den siebziger Jahren nicht neue Funde von Ressourcen und veränderte Technologien die Grenze(n) hinausgeschoben hätten. Daß es um die Jahrtausendwende nicht zum prognostizierten globalen Crash gekommen ist, verdanken wir auf keinen Fall einsichtigem Handeln nach den Prinzipien der Nachhaltigkeit, sondern neuen Funden von Vorräten und verbesserten Technologien. Die Endlichkeit der Ressourcen wird nur aufgeschoben, nicht aber aufgehoben. Von diesem Grundsatz gehen nach wie vor die meisten Zukunftsstrategen und -strategien aus. Hat daher die Nachhaltigkeit als globales Leitmotiv der Politik überhaupt einen Sinn? Wird unter dem Deckmantel eines kaum konkret zu fassenden Begriffs nicht in herkömmlicher Weise doch weitergewirtschaftet und der Öffentlichkeit nur etwas vorgemacht? Für so eine Sicht sprechen viele Befunde. So kann es nicht »nachhaltig« sein, bei uns in Mitteleuropa in großem Umfang Biomassepflanzen anzubauen, um auf diese erneuerbare Weise Energie zu erzeugen, wenn dafür auf um so größeren Flächen in Übersee die Futtermittel erzeugt und hierher transportiert werden müssen, die unser Vieh in den Ställen braucht. Es darf eben nicht der Kardinalfehler gemacht werden, der sich aus der unangebrachten Anwendung des wissenschaftlichen Ökosystembegriffs eingebürgert hat, nämlich abgegrenzte Systeme zu betrachten. Weder der Acker, auf dem Energiepflanzen angebaut werden, noch Deutschland oder Europa stellen solcherart weitgehend geschlossene Systeme dar, die nur im Inneren bewertet werden dürften. Die Energiepflanzung in Europa hat Folgen in Südamerika und auf den Weltmeeren sowie in der globalen Atmosphäre. Für jegliche Form von Nachhaltigkeit gilt, daß letztlich die weltweite Wirkung das Maß abgibt, und nicht die lokale. Die Zeit kommt hinzu. Was gegenwärtig verzögert wird, um »nachhaltiger« zu werden, baut sich mit der Zeit um so mehr auf. Kurzfristige Zeitgewinne können mittel- und langfristig verheerende Folgen zeitigen. Oder auch sehr »gute«, weil sich in der Zwischenzeit Neues, anderes hat aufbauen lassen. Ohne die umfängliche Nutzung fossiler Brennstoffe seit dem späten 18. Jahrhundert anstelle von Holz trüge die Erde praktisch keinen Wald mehr. Ohne die Energien aus fossilen Brennstoffen wären inzwischen Hunderte von Millionen Menschen verhungert, denn es gäbe keinen Kunstdünger, und es wäre keine »grüne Revolution« zustande gekommen. Ohne die so massive Steigerung des Energieeinsatzes hätten wir weder die moderne Medizin noch all die technischen Hilfsmittel, deren wir uns längst ganz selbstverständlich bedienen und die aus nachvollziehbaren Gründen das Ziel der Entwicklung in den darin noch nachhinkenden Regionen der Erde sind. Die »Fehler« der letzten zweihundert Jahre nachmachen zu wollen stellt nichts weiter als den Nachholbedarf dar, um möglichst alle Menschen an den Errungenschaften der Zivilisation teilhaben zu lassen. Nachhaltigkeit kann aus der Sicht der Mehrheit der Weltbevölkerung kaum anderes bedeuten, als so schnell wie möglich den Standard der sogenannten Ersten Welt zu erreichen. Das wird der Dritten Welt auch als ihr »gutes Recht« zuerkannt. Von einer globalen Nachhaltigkeit muß damit aber Abschied genommen werden. Denn es ist schlicht unmöglich, mittelfristig auch nur in etwa den gegenwärtigen Zustand der Erde erhalten zu wollen und dabei die Entwicklung allgemein auf das Niveau unserer westlichen Zivilisation zu bringen. Nachhaltiges Vorgehen auch der schonenden Art käme einer Vollbremsung der bereits laufenden Entwicklungen gleich. Somit wird sich weder das Ideal einer nachhaltigen Entwicklung verwirklichen noch die Zukunft auf den Status der Erde beziehen lassen, den sie in unserer Zeit einnimmt. Die sechseinhalb Milliarden Menschen sind in der Gegenwart dafür viel zu viel. Für zehn und mehr Milliarden käme nur allgemein bitterste Armut in Frage, sollten für alle die gleichen und die gleichermaßen nachhaltigen Lebensbedingungen geschaffen werden.

Steckt die Menschheit also, wie vielfach vorhergesagt, in der Sackgasse? Hat sich die Art Mensch einfach so stark vermehrt, daß sie wie eine Insektenpopulation weit über das tragfähige Niveau ihrer Umwelt hinausgeschossen ist und folglich zusammenbrechen muß, weil sie unweigerlich die Ressourcen übernutzen wird? Die laufenden Entwicklungen scheinen den Pessimisten recht zu geben. Den Optimisten schenkt ohnehin kaum noch jemand Glauben. Zu sehr haben die Warner mit ihren apokalyptischen Prognosen an Einfluß gewonnen. Bei uns zumindest ist das so. Die hochentwickelten westlichen Kulturen wollen doch ihren Zusammenbruch nur noch hinauszögern. Oswald Spengler hatte den ›Untergang des Abendlandes‹ bereits vor einem Menschenalter vorhergesagt. Neue Kulturen werden die aufgebrauchte, zu keiner Erneuerung mehr fähige alte ersetzen. Dafür spricht, daß die jungen, wachsenden

Völker ungleich hoffnungsvoller als wir im ›Abendland‹ in die Zukunft blicken. Die Ökokrise unserer Zeit drückt nur mit anderen Worten aus, was der ›Untergang des Abendlandes‹ meinte. Nur die Schuld am Untergang hat sich verlagert – von der kulturellen Unfähigkeit zur landeskulturell-ökologischen Fehlentwicklung. Die »Guten« sind die jungen Völker der Dritten Welt, die unschuldig ins Schlepptau des Niedergangs gerieten, weil sie von den Kolonialmächten abhängig gemacht worden waren. Die »Bösen«, das sind wir, weil wir der Menschheit den Forschritt aufgezwungen haben. Damit taten wir des Guten zuviel. Paul Watzlawick hat schon vor zwanzig Jahren gezeigt, wie schnell das geht, vom anfänglich Guten ins Schlechte hineinzugeraten. Der Übergang verläuft in bezeichnender Ähnlichkeit mit Naturvorgängen als schneller Phasenübergang. So wie ein zu sehr gedüngter See in kurzer Zeit »kippt« oder ein Wirtschaftsaufschwung in eine Rezession übergeht. Gegensteuerungen und Sanierungen dauern lange und kosten sehr viel. Wenn sie überhaupt gelingen.

Doch solche Systembetrachtungen gehen von zwei einander entgegengesetzten, stabilen Zuständen aus. Zwischen ihnen vollzieht sich der Phasenübergang oft so schnell, daß tatsächlich nicht mehr rechtzeitig gebremst, sondern später nur mühevoll wieder zurückgesteuert werden kann. Wenn es überhaupt noch gelingt. Das Kippen eines Systemzustands in einen entgegengesetzten anderen ist ein Katastrophenszenario. Auch wenn es immer wieder dazu kommt, handelt es sich nicht um den einzig möglichen Vorgang; schon gar nicht, wenn es um aktiv gesteuerte Entwicklungen geht. Das zeigt uns ganz unmittelbar unser Körper.

Das innere Gleichgewicht

Wir leben und bleiben am Leben, weil innere Regelungen in unserem Körper dafür sorgen, daß es zu keinen stärkeren Abweichungen vom Sollzustand kommt. Schon ein bis zwei Grad Celsius Temperaturerhöhung registrieren wir als Fieber. Wird es uns zu kalt, steigern wir ganz automatisch unsere körperliche Aktivität oder suchen einen entsprechend warmen Platz auf. Wir »feuern nach« in dem Maße, in dem unser Körper Energie verbraucht, mit Nahrung und ergänzen die Verluste an Wasser und anderen lebenswichtigen Stoffen. Abgesehen von den Vögeln, die noch feiner ihre inneren Zustände abstimmen und ihre Körpertemperatur knapp unter der Todesgrenze von 42 bis 43 Grad Celsius regulieren, halten wir, solange wir gesund sind, unser Innenleben präzise eingestellt im Gleichgewicht auf dem richtigen Sollwert. Ohne genauere Erklärungen zu brauchen, empfinden wir intuitiv, daß Abweichungen von diesem Sollwert gefährlich oder tödlich sein können. Unser inneres Gleichgewicht zu erhalten gehört daher für uns zu den wichtigsten Lebenstätigkeiten. Die Vorstellung, daß es draußen in der uns umgebenden Natur so sein müsse, liegt auf der Hand. Dennoch halten wir uns nicht daran, sondern verändern diese Natur so, daß sie möglichst viel abgibt. Wir schaffen Ungleichgewichte, um unser Gleichgewicht zu stabilisieren. Das ist so selbstverständlich, daß wir in aller Regel gar nicht weiter bedenken, was das für den Naturhaushalt bedeutet. Erst seit unser Wirken auf die Natur zu »Eingriffen« abgestempelt worden ist, die auszugleichen sind, fängt das Nachdenken darüber an, konkretere Formen zu gewinnen. Die bisherige, im westlichen Kulturkreis als »biblisch« eingestufte Botschaft »Macht Euch die Erde untertan« galt bis vor kurzem als selbstverständlicher Auftrag, der

nicht weiter zu rechtfertigen war. Jetzt aber sollen wir gegenüber einer höheren Instanz unser Tun begründen. Diese Instanz
blieb jedoch unbestimmt. Für manche ist sie (wieder, wie in
alten Zeiten) die Erdmutter ›Gaia‹, für andere die Zukunft. In
der gelebten Wirklichkeit empfinden die meisten Menschen
am ehesten Verantwortung ihren Kindern und Enkeln gegenüber, nicht aber für die ganze (kommende) Menschheit. Allenfalls möchte man den Nachbarn und den Bekannten gegenüber
nicht schlecht dastehen, wenn es um unsere Nutzung der Natur
geht. Wie wir aber unser Tun, unsere Art zu leben, wirklich
verantworten sollten, bleibt auch in den ausgeklügelten Be-
trachtungen von Weltverbesserern mehr Theorie als lebbare
Praxis. Deshalb hat sich auch seit Urzeiten kaum etwas geändert
am Verhalten der Menschen ihrer Umwelt gegenüber. Sie nutzen diese für sich und die Ihren, so gut es geht und soweit dies
die Konkurrenz zuläßt. Garrett Hardin nannte diese Eigenschaft, die keineswegs nur menschentypisch ist, die Tragödie
des Allgemeinbesitzes (Allmende). Die freie Zugänglichkeit zu
den Ressourcen löst das Problem nicht nur nicht, sondern erzeugt es überhaupt erst. Doch die Alternative der totalen Priva-
tisierung entfernt alles Menschlich-Soziale. Aus der indirekten,
allgemeinen Konkurrenz um die Ressourcen würde damit nur
ein direkt-privater Wettbewerb gemacht. Er hat keinen wohl-
klingenden Namen: Kapitalismus. Seine Wurzeln stecken in
jedem von uns. Die Notwendigkeit, unseren inneren Zustand
auf hohem Niveau aufrechtzuerhalten und mit dem Älterwer-
den weiterzuentwickeln, erzeugt automatisch den Drang, Ressourcen für sich zu beanspruchen, zu monopolisieren. Es gilt als
normal und richtig (und als rechtmäßig in den Erbgesetzen
festgelegt), die eigenen Nachkommen mit dem vorhandenen
Besitz zu beglücken, zumindest zu begünstigen. Für edler wird

es gehalten, einen Gutteil sozialen oder kirchlichen Einrichtungen zugute kommen zu lassen. Von einem für alle gleichen Zugang zu den Ressourcen haben hingegen so gut wie alle menschlichen Gesellschaften nichts gehalten. Der Kommunismus ist nicht zuletzt auch an diesem Prinzip der Gleichmacherei gescheitert, weil es sich im wirklichen Leben als nicht praktikabel herausgestellt hat. Wir müssen also feststellen, daß das Leben selbst ausgeprägter egoistisch lebt als sozial. Wo es besonders auf die Gemeinschaft ausgerichtet erscheint, zeigt sich bei näherer Betrachtung, daß mehr Vor- als Nachteile für die Beteiligten gegeben sind. Sie handeln also, dem Anschein zum Trotz, durchaus weiterhin egoistisch. Persönliche Erhaltung des inneren Gleichgewichts und Egoismus bestimmen somit weitestgehend das Verhalten der Menschen (und aller anderen Lebewesen auch!). Das erzeugt Ungleichgewichte nach außen. Genau in der Art und Weise, wie wir es in »der Natur« allüberall vorfinden.

Dennoch können wir aus der Selbstbetrachtung mehr entnehmen als aus den Feststellungen, wie Natur funktioniert. Denn bei der Betrachtung »der Natur« nehmen wir die Position des von außen Wertenden ein. Wenn es so ist, wie es ist, muß das für uns nicht bedeuten, daß es auch so bleiben muß und nicht verändert werden kann. Wenn wir uns aber selbst miteinbeziehen in die Betrachtung, werden Grenzen deutlich. Mit uns selbst als Beteiligten können wir nicht mehr einfach die verschiedenen Möglichkeiten (»alles«) durchspielen oder ausprobieren. Unsere eigenen Grenzen setzen weitere äußere Grenzen. Die Möglichkeiten, fachlich ausgedrückt, die Freiheitsgrade, sind eingeschränkt. Sie werden um so enger, je mehr wir sind und je dichter zusammen wir leben müssen. Auch das ist uns wohlvertraut. In der »Freiheit der Natur« leisten wir uns manches, was man in der Enge der Stadt nicht tun würde. Und umgekehrt. Je größer die Bevölkerungsdichte, um so fester müssen die Regeln werden, die ein ertragbares Zusammenleben sichern. Die Freiheit der Wüste mag für Off-road-Autofahrten höchst ersprießlich sein. Im Stadtverkehr oder auf Autobahnen geht diese Freiheit nicht mehr. Und so fort. Unser Leben vermittelt beständig, welche Einschränkungen zu beachten und welche Freiheiten noch möglich sind.

Versuchen wir nun, diese Erfahrungen umzusetzen auf unseren Umgang mit der Natur und was sie für die Zukunft bedeuten.

Ungleichgewichte sind die Zukunft

Wenn nicht alles bis hierher Dargelegte grundfalsch ist, folgt daraus, daß wir uns vom Wunschbild der Gleichgewichte verabschieden sollten. Denn die Natur funktioniert aus immer wieder aufs neue aufgebauten Ungleichgewichten. Und die menschlichen Gesellschaften auch. Unser persönliches Leben folgt diesen Veränderungen in Spannungsfeldern von Ungleichgewichten, an deren Erzeugung wir vielfach selbst beteiligt sind. Allein die Tatsache unseres Ankommens als Erdenbürger verändert die vorherige Situation bei den Eltern, den Geschwistern, mit den anderen Mitbürgern der Gemeinschaft, in der wir aufwachsen, und mit dem Anwachsen der Weltbevölkerung ganz allgemein. Einen stabilen Zustand zu erwarten ist irreal; einen solchen künstlich einstellen zu wollen absurd oder schlichte Überheblichkeit. Doch da wir Ziele verfolgen, versuchen wir, Einfluß auf die Entwicklungen zu nehmen. Nur jene Menschen, denen es so schlecht geht, daß sie nichts weiter erwarten können, lassen das Morgen auf sich zukommen in der letzten Hoffnung, damit das Heute überlebt zu haben. Wer in irgendeiner Weise aktiv sein kann, versucht das Seinige zu tun, um für sich und die Seinen die Lage zu verändern. So strebt der Mensch unablässig fort vom Gleichgewicht, allein um überleben zu können. Das gelingt um so besser, je stärker er die Natur, von der er lebt, zu seinen Gunsten umgestaltet. Menschen haben immer in die Natur »eingegriffen«. Seit Urzeiten war das so, als sie als Jäger und Sammler unterwegs waren, und nicht erst in unserer Zeit. Mit Feuer und Waffen veränderten sie ihre Umgebung, bekämpften einander, vermehrten sich, gerieten an den Rand des Untergangs, kamen da und dort wieder hoch und machten weiter wie gehabt bis in unsere Zeit. Sie werden weitermachen, weil sie alle Menschen sind. Nie lebten sie »im Einklang mit der Natur«. Wo uns das so scheint, liegen entweder romantische Mythen zugrunde, die wenig mit der harten Wirklichkeit zu tun hatten, oder man übersah, daß die Natur einfach nicht mehr zugelassen hatte. Jeder technische Fortschritt, ob Pfeil und Bogen oder Gewehr, Feldbau oder Motorenkraft, verstärkte die Eingriffe in die Natur. Vernichtet wurde sie dennoch nicht. Vielmehr erzeugten die Veränderungen neue, bislang nicht dagewesene Ungleichgewichte. Manche funktionierten längerfristig, andere nicht, so daß manch fortschrittlich erscheinende Nutzungen wieder aufgegeben werden mußten. Die Geschichte ist voller Beispiele dafür. Aus einigen Fehlern wurde gelernt, aus anderen nicht. Wie das beim Menschen eben so ist. Fast jeder wollte doch auch als Kind oder Jugendlicher eigene Fehler machen und nicht immer nur den Ratschlägen der Älteren, der Erfahreneren folgen. Staatslenker und Wirtschaftsbosse machen Fehler; häufig ganz ähnliche, wie sie immer wieder gemacht worden sind. Offenbar sind sie unfähig, aus den Fehlern anderer und aus der Geschichte zu lernen. Wie die meisten Menschen auch, weil das unserer Natur entspricht, selbst Erfahrungen zu sammeln. Demzufolge gibt es Besserwisser zuhauf. Wohlfeil bieten sie an, wie die Welt verbessert werden sollte, weil sie angeblich das Wissen dazu besitzen. Daß sie dabei nicht allzuviel Erfolg haben, mag insgesamt als Erfolg verbucht werden. Zu schnell schlägt so manche gute Absicht um in Demagogie und Diktatur. Mit schrecklichen Folgen.

Ist es da nicht besser, den Dingen und vor allem den Menschen einfach ihren Lauf zu lassen? Nach den Prinzipien der Evolution werden sich die erfolgreichen Strategien ganz von selbst zeigen. Untaugliches wird der Unerbittlichkeit der Selektion zum Opfer fallen. Anderes überdauert in der Grauzone zwischen beiden eine Zeitlang. Daraus könnte wie der berühmte Phoenix aus der Asche Neues entsteigen, das weder in der einen noch in der anderen Richtung zu extrem (angepaßt) war. Wer eine solche Einstellung vertritt, wird als Fatalist eingestuft. Der Lebensprozeß selbst, die Evolution, wäre demzufolge fatalistisch. Doch ohne jemand, der das Fatum wertet, ist das bedeutungslos. Was zählt, ist nicht das, was wir Schicksal nennen, sondern das Überleben.

Wir Menschen nehmen für uns in Anspruch, über die Schicksalhaftigkeit der Geschichte hinausgekommen zu sein. Wir brauchen und wollen uns nicht dem Diktat von Zufall und Natur bedingungslos ergeben. Wir können mitwirken. Wir müssen mitwirken, fordern die einen. Wir wirken längst zuviel mit, mahnen die anderen. Womit sich wiederum die Falle zweier entgegengesetzter stabiler Zustände auftut, die scheinbar keinen Mittelweg offenläßt. Doch wenn überhaupt ein Fünkchen Hoffnung besteht, die Zukunft (menschenwürdig) gestalten zu können, dann liegt der Weg dorthin zwischen den beiden Enden der statischen Starre des Gleichgewichts und der blinden Gläubigkeit an die Machbarkeit von allem. Tragbare, nämlich für die Natur zu ertragende Ungleichgewichte sind die Lösungen, die in großer Zahl zwischen den Grenzen des Einträglichen und des Zulässigen liegen. Überall sind sie in der Natur verwirklicht. Sie müssen etwas leisten (können), das die Menschen brauchen, sonst wird man sie für unnütz halten. Sie müssen aber auch im Rahmen bleiben, um dauerhaft genug zu sein. Wo höchste Produktivität zwar möglich, aber hinsichtlich der Einsätze von Energie und Materialien zu aufwendig ist, werden ihr von der Gesellschaft zu Recht Schranken gesetzt werden (müssen). Und wenn schon »die Natur« als Vorbild herangezogen werden soll, dann muß die Suche optimalen Lösungen gelten und nicht dem maximal Möglichen. In der Natur »zählen« auch die Verluste, die ›Trade-offs‹ von Entwicklungen. Bedienen wir uns eines solchen Naturvorgangs für einen bildhaften Vergleich. In unseren sommergrünen Wäldern wird nur ein Teil der sommerlichen Produktion direkt konsumiert. Ein erheblicher Teil gelangt mit dem herbstlichen Laubfall auf den Boden, wird zu Humus und dadurch zur Reserve. Eine maximale und verlustfreie Nutzung würde den Wald in kürzester Zeit ruinieren. Gelegentliche Massenvermehrungen von Insekten führen das vor Augen. Die Nutzungsgrade bei Wiesen können erheblich höher sein als in Wäldern. Das ermöglicht die Art der Gräser und ihrer Produktivität. Eine hundertprozentige Nutzung geht jedoch auch nicht. Doch was die Böden im Humus von der direkten pflanzlichen Produktion festhalten, geht bei der modernen Intensivlandwirtschaft in viel zu großem Umfang ins Grundwasser oder als Abschwemmungen verloren. Solche Verluste werden zu Schäden und Belastungen in anderen Bereichen. Sie sollten nicht länger von der Gesellschaft getragen werden, sondern dem Verursacherprinzip gemäß den Verursachern direkt in Rechnung gestellt werden. Diese Vorgehensweise der Internalisierung von Kosten, die bislang externalisiert, d. h. auf die Allgemeinheit abgewälzt werden, läuft in vielen Bereichen von Industrie und Gesellschaft bereits. Wenn alle wesentlichen Teile des Wirtschaftssystems gleichermaßen erfaßt sind, wird sich eine realistischere Bewertung von Vorgehensweisen vornehmen lassen. Standortvorteile werden dadurch tatsächlich wieder zu Vorteilen, wenn sie von Natur aus als solche vorhanden sind. Standortverschiedenheiten eröffnen neue Potentiale unterschiedlicher Produktion gemäß den Gegebenheiten. Aus den vorhandenen Unterschiedlichkeiten werden dadurch keine Nachteile, die künstlich ausgeglichen werden sollen, sondern einfach Vor- oder Nachteile, die vernünftig abgewogen werden können. Das wird für die Verhältnisse zwischen Stadt und Land genauso gelten wie zwischen Ländern, Kontinenten und Gesellschaftssystemen. Unterschiedliche Lebensformen der Menschen sind ja nicht gänzlich grundlos zustande gekommen. Daß sie vielfach verbessert und den Gegebenheiten der Zeit angepaßt werden sollten/müßten, stellt keinen Widerspruch dar. In den inneren Tropen oder in Wüstengegenden lebt es sich anders als in gemäßigten Klimaten oder am Rande der Arktis. Dünne und dichte Besiedlungen erfordern unterschiedliche gesellschaftliche Systeme. Wer alles gleichmachen möchte, erzeugt mehr Ungerechtigkeit. Wer alles beim alten belassen möchte, ist nicht besser. Die Freiheit zur Entwicklung erfordert beides: Bewahrung des Bewährten und Öffnung zum Neuen. Genau dies ist das Prinzip der Evolution. Keine Zeit hat daher die einzig richtige Sicht auf die Menschen und die Welt oder die

Zukunft. Denn sie ist nichts weiter als ein Zeitstück im viel längeren und größeren Fluß der Zeit. In späterer Zeit wird die Gegenwart Geschichte geworden sein. Wie über sie geurteilt wird, das wird auch davon abhängen, wie die neue Zeit aussieht.

Aus diesen Überlegungen, die es in solcher Fülle gibt, daß niemand mehr das Erstlingsrecht dafür in Anspruch nehmen könnte, ergeben sich höchst erstaunliche Übereinstimmungen mit dem Evolutionsprozeß. Als Vorgang in der Zeit ist die Evolution zukunftsblind. Sie baut stets aber nur auf dem Vorhandenen auf. Neues geht daraus hervor, bleibt aber im Zusammenhang mit der (Vor)Geschichte bestehen. Das macht die Evolution kontingent. Sie gleicht mit dieser grundlegenden Eigenschaft der menschlichen Geschichte. Darin verbinden sich in vielfältiger, nicht vorhersagbarer Weise Zwänge mit Zufälligkeiten, Umstände mit Notwendigkeiten. Rückblickend können wir ermitteln, was den Gang der Geschichte beeinflußt und schlußendlich gelenkt hat. Aus zwingenden Gründen (»kausal«) vorhersagbar wäre das Ergebnis zu Beginn einer Entwicklung überhaupt nicht gewesen. Stets aber wirkte das Vorhandene als das Bewährte mit. Nichts ist aus dem Nichts neu entstanden. So wird es auch in der Menschenwelt bleiben. Die treibende Kraft waren stets Ungleichgewichte. Ohne sie, in Zeiten annähernd stabiler Verhältnisse, änderte sich auch wenig. Darin unterscheidet sich die lebendige Natur auch nicht von der nichtlebendigen, in der nur die Gesetze der Chemie und der Physik gelten. Auch für sie gilt, daß alle Änderungen, sämtliche Entwicklungen physikalischer oder chemischer Spannungen, »Potentialunterschiede« bedürfen.

Nicht anders im kulturell-geistigen Bereich. Würden alle Menschen das gleiche denken und schaffen, käme nichts heraus, weil auch niemand daran interessiert wäre. Das kulturelle Leben wäre so unerträglich wie eine Gesellschaft von geklonten, völlig gleichen Menschen, denen jegliche Individualität fehlt. Völlig zu Recht betonen wir die Einzigartigkeit des Individuums. Sie macht die Würde des Menschen unantastbar. Wo Gleichheit herrscht, geht die Würde verloren. Die totalitäre Gleichschaltung ungleicher Menschen zeitigte Furchtbares. Die Gleichheit aller Kulturen würde jegliches Kulturschaffen zum Erliegen bringen. Sie kann nicht Ziel der Entwicklungen in die Zukunft sein. Ganz von selbst werden in jeder zu gleichartig gewordenen Kultur von der Basis her neue Formen entstehen, die sich von der Vorgabe unterscheiden wollen. Das andere Evolutionsprinzip zur Vielfalt drückt sich auch darin aus. Vielfalt und Individualität ergänzen einander, so wie die zunehmende Lösung von den Zwängen der Umwelt den eigentlichen Fortschritt des Lebens in der Evolution ausmacht. Die Menschheit folgt als Ganzes wie auch in ihren zahlreichen Völkern und Kulturen diesen drei Grundprinzipien. Sie verhält sich in diesem (evolutionären) Sinne ganz normal.

Mit welch inneren Verlusten und mit wie starken äußeren Veränderungen der Umwelt dies weiterläuft, weiß niemand. Wir können nur erahnen, daß die Welt von morgen anders als die uns heute bekannte aussehen wird. Daß die Entwicklungen insgesamt so naturverträglich und so nachhaltig gestaltet werden sollen, daß die Verluste an Menschen und übriger Natur geringfügig ausfallen, stellt sicherlich eine Herausforderung noch nie dagewesenen Ausmaßes dar. Aber es gab auch noch nie so viele Menschen mit so viel Wissen und so umfassenden Möglichkeiten, global miteinander vernetzt zu wirken, wie in unserer Zeit. Es werden ihrer mehr werden. Sie werden neue Ungleichgewichte aufbauen, Spannungen erzeugen und nach

Lösungen suchen, von denen manche für uns heute undenkbar erscheinen. Sicher scheint mir allerdings, daß die Lösungen nicht im Streben nach Gleichgewichten liegen, sondern in jenen schwer zu begreifenden Fließgleichgewichten fern vom Gleichgewicht, die in der Physik, in der Thermodynamik zumal, spätestens seit Erwin Schrödingers Essay *Was ist Leben* (*What is life?*) von 1948 bekannt sind. In der wissenschaftlichen Ökologie sind diese Fließgleichgewichte viel zu wenig beachtet worden. Die populäre Vereinfachung zum »Gleichgewicht des Naturhaushaltes« hat weithin Erwartungen geweckt, die weder erfüllt werden können noch erfüllt werden sollten. Denn das erhoffte Gleichgewicht wäre günstigstenfalls gleichbedeutend mit Stillstand, schlimmstenfalls das Ende. Wir brauchen deshalb ein neues Denken in und mit Ungleichgewichten: in der Ökologie wie in der Gesellschaft. Überlebensfähige Ungleichgewichte werden aus der Gegenwart wie in der Vergangenheit die Menschheit in die Zukunft führen. Wir werden sie auch in der Wirtschaft, in den Gesellschaften und allen voran auch in der Politik brauchen – als menschenwürdige Ungleichgewichte in einer zwar globalisierten, aber unterschiedlich beschaffenen Welt.

Ausblick

Die Zukunft macht uns angst. Wir spüren, daß sie anders als die Gegenwart sein wird. Je mehr wir von der Gegenwart festhalten können, desto eher werden ihre Herausforderungen zu meistern sein – glauben wir. So stemmen wir uns gegen den Wandel, blockieren notwendige Änderungen und blicken mehr zurück auf das Erreichte als nach vorn auf das zu Erreichende. Die vorhandenen Unausgewogenheiten betrachten wir als Ungerechtigkeiten. Wo sie sich rasch »entwickeln«, wie in Indien, China und einigen anderen, sogenannten und solcherart verbal zurückgewiesenen Schwellenländern, empfinden wir ihren Aufstieg als Bedrohung. »Eine Welt« bleibt ein Schlagwort, das durch die Widerstände gegen die Globalisierung eher Rückschläge bekommt als das Zusammenwachsen zu einer Welt Fortschritte macht. Daher wird man Ungleichgewichte in einer Welt voller Spannungen nicht gerade als ideale Ziele erachten, wenn es doch um den Abbau von Konflikten und um bessere Entwicklungschancen für die Benachteiligten gehen soll. Die Unterschiede auszugleichen gebietet die Menschlichkeit. Doch in der Realität werden die Unterschiede zwischen arm und reich eher größer als geringer. Auch die Natur wird nach fast einem halben Jahrhundert Umweltschutz stärker ausgebeutet denn je. Bilanzen werden schöngerechnet, um als »Erfolge« präsentiert werden zu können. Die Warner drohen indessen mit immer schlimmeren Zukunftsaussichten, die sogar die biblische Apokalypse noch übertreffen, weil sie keine Hoffnung auf ein Gerettetwerden in einer anderen Welt machen. In einer Zeit, in der es sehr viel mehr Menschen gutgeht als in allen historisch faßbaren Zeiten bisher, steigt die Zukunftsangst auf neue Rekordhöhen. Am meisten nimmt sie in jenen Staaten zu, in denen es den Menschen am besten geht. Jede Änderung, jede Abweichung vom gegenwärtigen Zustand wird als Übel betrachtet, das möglichst schon im Keim erstickt werden sollte. Mit großen Reden und weltweiten Konferenzreisen versuchen die »führenden« Politiker über den Stillstand hinwegzutäuschen, der sich eingestellt hat und der längst Rückfall bedeutet.

Betrachten wir daher nochmals einige der grundlegenden Gegebenheiten im ›Ökosystem Erde‹: Das Gefälle der Natur reicht von den äquatorialen Tropen bis zu den Eiskappen der Pole. Die Unterschiede sind nicht beständig. Temperaturen und Niederschläge wechseln mit den Jahreszeiten; das Klima ändert sich über die Jahrhunderte, Jahrtausende und Jahrmillionen. Das Wetter wechselt; das Klima wandelte sich auch ohne Zutun des Menschen und nicht allein durch die Auswirkungen seiner Umweltnutzung. Alle Vorgänge, alle Bewegungen brauchen ein Gefälle von Energie; die entsprechenden Potentiale müssen vorher aufgebaut sein. Natürliche Produktion läßt sich nur sinnvoll nutzen, wenn sie aus Überschüssen kommt. Sonst herrscht Mangel auf Dauer, zumindest so lange, bis dieser anderweitig überwunden wird. Von der Hand in den Mund zu leben führt ebensowenig weiter wie der Verzehr des sprießenden Saatgutes zu einer neuen Ernte. Zeitliche Unterschiede, Zeitverschiebungen werden zum Aufbau neuer Möglichkeiten gebraucht, die genutzt werden können. Ohne Unterschiede in Produktion und Verbrauch wäre bereits zu Beginn des Lebens keine Weiterentwicklung, keine Evolution, möglich gewesen. Ganz ähnlich verhält es sich im Innern der Lebewesen. Die komplex gebauten, »weiterentwickelten« Lebensformen sind sterblich geworden, weil sie altern, weil sie ihre inneren Potentiale nicht auf Dauer aufrechterhalten können. Auch wir kommen um dieses Altern und den Tod nicht herum, so sehr wir ihn hinauszuschieben versuchen. Verjüngung geht nicht. Sie kommt nur über die Generationsfolgen zustande. Die nachkommenden Generationen geraten als »Nachkommen« zwangsläufig in veränderte Verhältnisse und damit in andere Spannungs- und Entwicklungsfelder. Wie diese zukünftigen Bedingungen aussehen werden, läßt sich aus der Gegenwart nicht vorherbestimmen. Günstigstenfalls erahnen wir sie. Erhofft wird meistens eine »bessere Zukunft«. Gefühlsmäßig gehen wir daher von kommenden Veränderungen und nicht vom Stillstand aus. Rational möchten dennoch viele »dem Augenblick Dauer verleihen«, um das selbst Erreichte nicht wieder auf- und abgeben zu müssen. So eine Denkweise ist zutiefst egoistisch. Das macht sie zwar nicht grundsätzlich schlecht, denn die ihr entgegengesetzte Haltung »nach mir die Sintflut« ist noch egoistischer und verantwortungslos. Aber wer im »Gleichgewicht« die bessere Alternative sieht, müßte, um es zu erreichen, großen Teilen der Menschheit die Fortpflanzung verbieten. Denn nur wenn nicht mehr nachkommen als wegsterben und wenn nicht mehr gebraucht als (gerade) erzeugt wird, kann Stabilität in diesem Sinne zustande kommen. Daß dies einen totalitären Weltstaat der schlimmsten Sorte bedeuten würde, in dem Aldous Huxleys »Schöne neue Welt« nachgerade schön wäre, liegt auf der Hand.

Die Natur zeichnet anderes vor, nämlich wie die Spannungen zwischen der Gegenwart, in der möglichst alles möglichst umfassend genutzt (»ausgebeutet«) wird, und der Zukunft, in der gleichfalls Bedarf an Lebensmöglichkeiten gegeben sein wird, gelöst wird. Sie sorgt nicht vor. Sie gibt daher kein Vorbild zur Nachahmung ab, sondern Grundprinzipien, die funktionieren. Generation für Generation werden neue Spannungen aufgebaut. Die Nachkommen setzen sich von den Vorfahren ab, nutzen deren Erfahrungen weit weniger als »gewünscht« und verdrängen mit dem Fortlaufen der Zeit die Gegenwart in die Vergangenheit. Ausgeglichen oder gar harmonisch folgen die Generationen wirklich nicht aufeinander. Der Mensch ist keine Ausnahme in diesem allgemeinen Geschehen. Wir können lediglich die Spannungen verträglicher machen; nachmachen, weil die Natur von Natur aus »gut« ist, sollten wir sie nicht! Wo immer Organismen in der Lage waren, besonders große Anteile an natürlichen Ressourcen für sich zu beanspruchen, taten sie dies. Überschüsse sammelten sich als Reste an in Jahrmillionen – und wurden zu neuen Ressourcen für spätere Nutzer. Auch in dieser Hinsicht unterscheidet sich das Verhalten der Menschen nicht wesentlich von dem anderer Lebewesen. Auf »Harmonie« und schöne Gleichgewichte waren Tiere und Pflanzen oder Mikroben nie aus. Der sich zumeist rasch einstellende Mangel hat sie in solch scheinbare Gleichgewichte hineingezwungen. Gerade deshalb sind die »stabilsten« natürlichen Lebensgemeinschaften der Erde kein praktikables Vorbild für die Zukunft der Menschheit und ihre Bedürfnisse. Wir müssen diese selbst gestalten. Dazu brauchen wir ungleich bessere Kenntnisse über die Grenzen von produzierenden Ungleichgewichten, als sie uns bislang zur Verfügung stehen. Wir müssen wissen, wie groß die Energieflüsse und Materialumsetzungen werden dürfen, um den Rahmen nicht zu sprengen und andere Menschen und die örtliche, regionale oder globale Natur nicht zu schädigen. Grenzwerte im ›parts per million‹-Bereich sind damit nicht gemeint und dafür auch recht wenig geeignet. Sie wirken meist eher als Bremsen für weitere Entwicklungen, auch für solche, die unumgänglich notwendig wären, ohne hinreichend konkret begründen zu können, wofür oder wogegen sie tatsächlich wirken sollen. Mittelwerte sind häufig ähnlich unbrauchbar. Vielfach lassen sie sich kaum auf die Natur oder die Wirtschaft beziehen. In der gegenwärtigen Diskussion um den Klimawandel wird dies ganz besonders deutlich. Es fällt gar nicht mehr auf, daß die für Mitteleuropa aus den Jahresmittelwerten errechnete Temperaturzunahme von nur gut einem halben Grad Celsius seit Mitte des 19. Jahrhunderts lediglich ein Hundertstel der gewöhnlichen, ganz normalen Schwankungen ausmacht, die im Jahreslauf auftreten. Die Jahresspanne reicht von hochsommerlichen 35 Grad im Schatten bis Frost unter −15 Grad und mehr. Bemerken würde die winzige Veränderung von einem guten halben Grad Celsius niemand, wenn sie sich nicht konkret in milderen Wintern, die nun häufiger kommen, ausdrückte. Kalte Winter sind deswegen nicht ausgeschlossen, so wenig wie heiße Sommer einfach eine Folge der Erwärmung sein müssen, weil es sie immer gegeben hat. Die Schwankungen und ihr Ausmaß sind viel wichtiger für die Natur und für die menschlichen Nutzungsansprüche als statistische Mittel. Bis in die Gegenwart und überall auf der Erde haben sich die Menschen auf Veränderungen eingestellt. Sie mußten es tun, weil ihnen nichts anderes übrigblieb. Gegenwärtig wird uns nur Schlechtes für die Zukunft vorhergesagt, im wirtschaftlichen wie auch im politischen Leben. Darin steckt die Angst vor Veränderungen. Doch die Natur braucht Ungleichgewichte, damit Neues entstehen kann. Die Gesellschaft auch! Aus »Gleichgewichten« heraus entsteht keine bessere Welt, und es werden keine Reformen zustande kommen. Nur funktionierende Ungleichgewichte können »nachhaltige Entwicklungen« ermöglichen.

Literatur

Die nachfolgende Zusammenstellung der Literatur verzichtet auf rein wissenschaftliche Artikel. Zusätzlich zu den im Text zitierten Büchern werden einige weitere, in entsprechenden Bibliotheken einsehbare Werke aufgeführt, die für die fachlich spezieller Interessierten verdeutlichen, worauf sich meine Argumentation stützt. Daß die Auswahl sehr persönlich ausfällt, versteht sich von selbst. Die Literatur zu einem derartig weiten Thema läßt sich nicht »umfassend« darstellen. Eine erhebliche Ausweitung der Menge zitierter Literatur würde weder die »Objektivität« noch die »Richtigkeit« der Ausführungen steigern. Das Dargelegte muß ohnehin im Detail wie auch ganz allgemein widerlegbar bleiben, wenn es nicht dogmatisch geraten soll. Nur so können die Thesen mit konstruktiver Kritik weiterentwickelt werden. Darauf hinzuweisen, daß die zitierten Autoren keineswegs mit meinen Ansichten übereinstimmen müssen, gebietet die Fairneß. Ihre Werke stellen wesentliche Quellen dar, aus denen ich schöpfte. Die angeführten eigenen Bücher enthalten weitere Ausführungen zu Teilen, die ich in diesem Essay behandelt habe.

Bertalanffy, L. v., W. Beier und R. Laue, Physik des Ungleichgewichts, Braunschweig: Vieweg 1977

Cherrett, J. M. (Hg.), Ecological Concepts, Oxford: Blackwell 1989

Cockburn, A., Evolutionsökologie, Stuttgart: G. Fischer 1995

Diamond, J., Arm und Reich. Die Schicksale menschlicher Gesellschaften, Frankfurt/Main: S. Fischer 1998

Diamond, J., Kollaps, Frankfurt/Main: S. Fischer 2006

Dokulil, M., A. Hamm und J.-G. Kohl (Hgg.), Ökologie und Schutz von Seen, Wien: UTB Facultas 2001

Futuyma, D. J., Evolutionsbiologie, Basel: Birkhäuser 1990

Grubb, P. J. und J. B. Whittaker, Toward a more exact ecology, Oxford: Blackwell 1989

Hahlbrock, K., Kann unsere Erde die Menschen noch ernähren?, Frankfurt: S. Fischer 2007

Hasel, K., Forstgeschichte, Hamburg: Parey 1985

Hsü, K. J., Klima macht Geschichte, Zürich: Orell Füssli 2000

Lampert, W. und U. Sommer, Limnoökologie, Stuttgart: Thieme 1993

Martin, K., Ökologie der Biozönosen, Berlin: Springer 2002

Odum, E. P. und J. H. Reichholf, Ökologie, München: BLV 1980

Otto, H.-J., Waldökologie, Stuttgart: UTB Ulmer 1994

Pimm, S. L., The Balance of Nature, Chicago: Chicago University Press 1991

Prigogine, I., Vom Sein zum Werden, München: Piper 1992

Primack, R. B., Naturschutzbiologie, Heidelberg, Spektrum 1995

Putman, R. J. und S. D. Wratten, Principles of Ecology, Berkeley: University of California Press 1984

Reichholf, J. H., Der Tropische Regenwald, München: dtv 1990

Reichholf, J. H., Der Tanz um das goldene Kalb. Der Ökokolonialismus Europas, Berlin: Wagenbach 2004

Reichholf, J. H., Die Zukunft der Arten, München: C. H. Beck 2005

Reichholf, J. H., Stadtnatur, München: Oekom 2007

Reichholf, J. H., Eine kurze Naturgeschichte des letzten Jahrtausends, Frankfurt: S. Fischer 2007

Reichholf, J. H., Ende der Artenvielfalt?, Frankfurt: S. Fischer 2008

Remmert, H., Ökologie, Berlin: Springer 1978

Remmert, H., Arctic Animal Ecology, Berlin: Springer 1980

Ricklefs, R. E., Ecology, New York: Chiron 1979

Schrödinger, E., Was ist Leben?, München: Lehnen 1951

Spengler, O., Der Untergang des Abendlandes, München: C. H. Beck 1923

Stanley, S. M., Earth and Life through Time, New York: Freeman 1986

Steinhardt, U., O. Blumenstein und H. Barsch, Lehrbuch der Landschaftsökologie, Heidelberg: Spektrum 2005

Storch, V., U., Welsch und M. Wink: Evolutionsbiologie, Berlin: Springer 2007

Tischler, W., Biologie der Kulturlandschaft, Stuttgart: G. Fischer 1980

Watzlawick, P., Vom Schlechten des Guten, München: Piper 1986

Wieser, W., Bioenergetik, Stuttgart: Thieme 1986

Williams, C. B., Patterns in the Balance of Nature, London: Academic Press 1964

Wittig, R. und B. Streit, Ökologie, Berlin: Springer 2004